EUL VERLAG

Reihe: Marketing · Band 57

Herausgegeben von Prof. Dr. Heribert Gierl, Augsburg, Prof. Dr. Roland Helm, Regensburg, Prof. Dr. Frank Huber, Mainz, und Prof. Dr. Henrik Sattler, Hamburg

Dr. Guido Grunwald
Philipp Hennig

REACH und CSR

Mehr Reputation durch Nachhaltigkeit in kleinen und mittleren Unternehmen

EUL VERLAG

Bibliografische Information der Deutschen Nationalbibliothek

Die Deutsche Nationalbibliothek verzeichnet diese Publikation in der Deutschen Nationalbibliografie; detaillierte bibliografische Daten sind im Internet über <http://dnb.d-nb.de> abrufbar.

ISBN 978-3-8441-0129-4
1. Auflage Februar 2012

JOSEF EUL VERLAG GmbH
Brandsberg 6
53797 Lohmar
Tel.: 0 22 05 / 90 10 6-6
Fax: 0 22 05 / 90 10 6-88
E-Mail: info@eul-verlag.de
http://www.eul-verlag.de

Bei der Herstellung unserer Bücher möchten wir die Umwelt schonen. Dieses Buch ist daher auf säurefreiem, 100% chlorfrei gebleichtem, alterungsbeständigem Papier nach DIN 6738 gedruckt.

Vorwort

Von den neuen Regelungen der 2007 erstmalig in Kraft getretenen EU-Chemikalienverordnung REACH sind zahlreiche Unternehmen in vielfältigen Branchen betroffen, die auf den ersten Blick gar nicht als Teil der chemischen Industrie wahrgenommen werden mögen. Darunter befindet sich eine beträchtliche Zahl kleiner und mittlerer Unternehmen (KMU), die sich im Gegensatz zu spezialisierten Chemieunternehmen mit dem Thema REACH noch nicht eingehend befasst haben, dies aber in naher Zukunft werden tun müssen. Viele dieser Firmen bekennen sich zur Nachhaltigkeit, möchten aber konkreter werden und wissen, wie man dies mit REACH erreichen kann. Dabei soll dieses Buch mit Anregungen zur Ausgestaltung einer verantwortungsvollen Unternehmensführung (Corporate Social Responsibility, kurz CSR) weiterhelfen.

Gegenstand dieses Buches ist somit der Zusammenhang zwischen CSR und der EU-Chemikalienverordnung REACH. Ziel ist es, aus diesem Zusammenhang Chancen zur Bildung nachhaltigkeitsorientierter Reputation und somit zur Steigerung des Unternehmenswertes von KMU aufzuzeigen und Wirkungsmechanismen auf der Grundlage verhaltenswissenschaftlicher Ansätze transparent zu machen. Im Speziellen wird untersucht, wie sich in Verbindung mit REACH stehende Maßnahmen (z. B. Verbesserung der Sicherheit und

Umweltverträglichkeit von Produkten, Erhöhung der Unternehmenstransparenz durch Informationsweitergabe in der Lieferkette) als Teil des CSR-Engagements reputationsfördernd in die Produkt- bzw. Kommunikationsstrategie integrieren lassen.

Mit dieser Zielsetzung wendet sich das Buch zum einen an Praktiker, insbesondere aus KMU, die Ansatzpunkte bei der Formulierung einer nachhaltigkeitsorientierten Unternehmens- und Marketingstrategie vor dem Hintergrund von REACH suchen. Zum anderen werden aber auch Wissenschaftler angesprochen, die sich erstmalig mit dem Thema REACH auseinandersetzen und sich interdisziplinär – etwa an der Schnittstelle Marketing und Recht – mit der verhaltenswissenschaftlichen Bewertung unternehmerischer Handlungsoptionen zur ökologischen Positionierung im Wettbewerb beschäftigen.

Für viele konstruktive fachliche Ratschläge bedanken wir uns an dieser Stelle bei Herrn Dr. Elmar Böhlen, Leiter der Gruppe „Chemikalienbewertung und Risikomanagement“ der Bundesstelle für Chemikalien bei der Bundesanstalt für Arbeitsschutz und Arbeitsmedizin in Dortmund.

Lingen/Ems – Dortmund, im Januar 2012

Dr. Guido Grunwald

Philipp Hennig

Inhaltsverzeichnis

Abbildungs- und Tabellenverzeichnis

1 Einleitung

Die EU-Chemikalienverordnung REACH (vgl. Verordnung (EG) Nr. 1907/2006), die 2007 erstmals in Kraft trat und deren Vorschriften bis 2018 schrittweise umgesetzt werden, ist die vielleicht bisher ambitionierteste Initiative des europäischen Verbraucher-, Arbeitnehmer- und Umweltschutzrechts. Sie verfolgt das Ziel einer nachhaltigen Entwicklung, in der ein hohes Schutzniveau für die menschliche Gesundheit und für die Umwelt sichergestellt, der freie Verkehr von Chemikalien gewährleistet und Wettbewerbsfähigkeit und Innovation verbessert werden.

Das „R“ in REACH steht für Registrierung von Chemikalien und verlangt die Ermittlung und Angabe sicherheitsrelevanter Informationen bei der Europäischen Chemikalienagentur. Das „E“ in REACH bedeutet die Evaluierung dieser Daten und die Bewertung der Chemikalien durch Firmen und Behörden. „A“ und „Ch“ stehen für Autorisierung und Chemikalien: für besonders besorgniserregende Stoffe kann eine Zulassungspflicht ausgesprochen werden. Gerade diese mit REACH neu eingeführte Bestimmung ruft bei konkreter Anwendung im Einzelfall noch Unsicherheiten und Konflikte hervor.

REACH entfaltet zusehends weitreichende Auswirkungen auf die Wirtschaft, und dies nicht nur auf Hersteller von chemischen Stoffen und Gemischen. Vielmehr sind zahlreiche Unternehmen in vielfältigen Branchen, die auf den ersten Blick gar nicht als Teil der chemischen Industrie wahrgenommen werden mögen, von neuen Verpflichtungen betroffen. Hierzu zählen beispielsweise nachgeschaltete Anwender, Hersteller von Erzeugnissen oder auch Importeure und Händler, auch im Bereich von Verbraucherprodukten wie Spielwaren oder Textilien. Unter diesen Akteuren befindet sich eine beträchtliche Zahl kleiner und mittlerer Unternehmen (KMU), die sich im Gegensatz zu spezialisierten Chemieunternehmen mit dem Thema REACH noch nicht eingehend befasst haben, dies aber in naher Zukunft werden tun müssen.

Unternehmen, die sich erstmals mit REACH konfrontiert sehen, klagen nicht selten über den hohen Ressourcenaufwand, der zur Erfüllung diverser Pflichten (z. B. Registrierungs-, Melde- und Kommunikationspflichten) erforderlich ist. Dabei wird leicht übersehen, dass der Diskussion um Nachhaltigkeit kaum ausgewichen werden kann und gerade REACH hier auch Chancen bietet. So kann ein aktiver Umgang mit der Verordnung einen wesentlichen Beitrag zu einer verantwortungsvollen Unternehmensführung (Corporate Social Responsibility, kurz CSR) leisten, etwa im Bereich der Produkt- und Umweltverantwortung. Regelmäßig werden Unternehmen mit CSR-Strategien das Ziel einer

Steigerung ihrer nachhaltigkeitsorientierten Unternehmensreputation verfolgen. Hierunter wird im Weiteren das für den Markterfolg relevante Ansehen eines Anbieters bei relevanten Anspruchsgruppen im Markt verstanden, insbesondere bei (potentiellen) Abnehmern, in dem sich deren Vertrauen in die Produkt- und Anbieterqualitäten, vor allem die Produktleistung und -sicherheit, die Berücksichtigung von Umwelt- und Verbraucherschutz, reflektiert (vgl. Schwalbach 2000, S. 1; Büschken 1999; Dean 2004, S. 198; Standop 2006, S. 96).

Dieses Buch geht daher zum einen der Frage nach, wie REACH-Verpflichtungen in eine nachhaltigkeitsorientierte Produkt- und Kommunikationspolitik integriert werden können. Zum anderen wird untersucht, wie ausgewählte CSR-Strategien im Hinblick auf die positive Beeinflussung der Unternehmensreputation aus Sicht von KMU zu bewerten sind.

Im nächsten Schritt werden aus der REACH-Verordnung mögliche Ansatzpunkte für die Formulierung einer CSR-Strategie abgeleitet und die Relevanz für KMU aufgezeigt. Hieraus werden sodann CSR-Strategien definiert und systematisiert, die im Kontext von REACH zur Reputationssteigerung von Unternehmen beitragen mögen. Diese Strategien unterscheiden sich systematisch in dem Umfang, wie Freiräume in der REACH-Verordnung von Unternehmen produkt- und kommunikationspolitisch genutzt werden können. Im Anschluss an eine Erläuterung der für eine Wirkungsabschätzung relevanten verhaltenswissenschaftlichen Ansätze werden die Reputationswirkungen der betrachteten CSR-Strategien analysiert. Dem schließt sich die Bewertung dieser Strategien aus Sicht von KMU an.

2 REACH und Unternehmensverantwortung

Am 1. Juni 2007 ist die EU-Chemikalienverordnung REACH (Registration, Evaluation, Authorisation and Restriction of Chemicals) in Kraft getreten. Nach dem Motto „no data – no market“ dürfen chemische Stoffe in Mengen ab 1 Tonne pro Jahr nur noch hergestellt und in Verkehr gebracht werden, wenn sie bei der Europäischen Chemikalienagentur in Helsinki registriert werden. Dies basiert auf dem Grundsatz, dass die Verantwortung für das Risikomanagement im Zusammenhang mit Chemikalien bei den Herstellern und Importeuren liegt und diese verpflichtet sind, mögliche gefährliche Eigenschaften ihrer Stoffe zu ermitteln, die Risiken daraus zu beurteilen und Risikomanagementmaßnahmen abzuleiten.

Ein zentrales Anliegen von REACH ist die Verbesserung der *Kommunikation entlang der Lieferkette*, um die sichere Verwendung von Stoffen zu gewährleisten. REACH sieht hierfür Verantwortlichkeiten für die beteiligten Akteure im Hinblick auf die Kommunikation entlang der Lieferkette in beide Richtungen vor (vgl. BAuA 2008 und 2009). Zum einen verpflichtet REACH beispielsweise Hersteller und Importeure, weitreichende Informationen, die für den sicheren Umgang mit Stoffen und Erzeugnissen erforderlich sind, an nachgeschaltete Akteure wie Anwender, Händler und Verbraucher weiterzugeben (vgl. REACH-VO, Erw. 56). Es bestehen bestimmte Informationsmöglichkeiten und -pflichten von Herstellern/Importeuren gegenüber ihren Kunden (z. B. nachgeschalteten Anwendern bzw. Händlern).

Zum anderen haben nach der REACH-Verordnung aber auch etwa nachgeschaltete Anwender, die im Rahmen ihrer industriellen oder gewerblichen Tätigkeit einen Stoff als solchen oder in einem Gemisch verwenden, Informationspflichten zu erfüllen, indem sie beispielsweise die Verwendung des chemischen Stoffes mit dem Hersteller oder Importeur absprechen oder für Verwendungen, die dem Hersteller unbekannt bleiben sollen, eine eigene Sicherheitsbeurteilung erstellen. Händler (gekennzeichnet durch die Funktionen der Lagerung und Weiterveräußerung) werden explizit aufgefordert, solche Informationen an den unmittelbar vorgeschalteten Akteur oder Händler der Lieferkette weiterzuleiten. Ein in diesem Sinne verantwortliches Handeln setzt insofern eine enge Kooperation von Unternehmen in beide Richtungen der Lieferkette voraus, die aber nicht notwendigerweise von sich aus gegeben sein muss.

Häufig bestehen auch Anreize, Informationsvorsprünge strategisch zu nutzen: Zum einen werden beispielsweise nachgeschaltete Anwender (z. B. Formulierer, die Gemische wie Farben, Lacke, Reinigungsmittel, Kosmetika usw. herstellen) Anreize haben, dem Hersteller ihre beabsichtigten Verwendung(en) mitzuteilen, um den betreffenden Stoff weiter wie bisher verwenden zu können, um relevante Informationen zur Kontrolle möglicher Risiken zu erhalten und letztlich nicht auf andere Substanzen und/oder Lieferanten ausweichen zu müssen. Auch vermiedene Schäden (erwartetes Einsparpotential) durch den verbesserten Informationsaustausch über sichere und beherrschbare Verwendungen und daraus abgeleitete vermiedene Wertschöpfungsverluste werden möglicherweise antizipiert und als Anreize wahrgenommen.

Zum anderen mögen aber auch Nachteile in Verbindung mit dem umfassenden Austausch von Informationen unter den Akteuren der Lieferkette sowie durch entstehende Implementierungs- und Anpassungskosten von Risikomanagementsystemen gesehen werden. Auch Opportunitätskosten aufgrund entgangener Verwendungsmöglichkeiten stellen mögliche Nachteile aus Anbietersicht dar. Nach REACH haben nachgeschaltete Anwender auf der anderen Seite aber auch die Möglichkeit, auf die Angabe ihrer Verwendung zu verzichten und müssen dann gegebenenfalls einen eigenen Stoffsicherheitsbericht erstellen, der wiederum zusätzliche Kosten induziert. Dieser Fall kann eintreten, wenn ein Anwender glaubt, dass durch die Bekanntmachung seiner Verwendungsweisen Wettbewerbsnachteile resultieren oder wenn er antizipiert, dass der Hersteller „seine" Verwendung nicht aufnehmen könnte, weil er sie nicht als sicher für Mensch und Umwelt ansieht, so dass er von dieser Verwendung im Sicherheitsdatenblatt abrät.

Ein Element von REACH, das unmittelbaren Einfluss auf die *Produktverantwortung* als Teil der Produktstrategie eines Unternehmens hat, weil es nicht nur industrielle chemische Stoffe, sondern auch daraus hergestellte verbrauchernahe Produkte betrifft, ist die so genannte Kandidatenliste. Als „Kandidaten“ für eine Zulassungspflicht kommen Stoffe in Betracht, die für die menschliche Gesundheit oder die Umwelt in besonders besorgniserregendem Maße schädlich sind („Substances of Very High Concern“, abgekürzt SVHC). Hierzu zählen beispielsweise krebserzeugende, erbgutverändernde oder fortpflanzungsgefährdende (CMR-Stoffe) beziehungsweise persistente, bioakkumulierbare und toxische Stoffe (PBT-Stoffe). Kandidatenstoffe dürfen weiter verwendet werden, es sei denn, sie wurden in einem weiteren Verfahrensschritt in Anhang XIV der REACH-Verordnung aufgenommen, was zu einer Zulassungspflicht führt.

Doch bereits die Aufnahme in die öffentlich – auf der Website der Europäischen Chemikalienagentur (ECHA) – einsehbare Kandidatenliste verpflichtet Lieferanten von Erzeugnissen, die SVHC-Stoffe enthalten, bestimmte Informationspflichten zu erfüllen und gegenüber Abnehmern in der Lieferkette sowie auf Anfrage auch gegenüber Verbrauchern Angaben über den betreffenden Stoff im Erzeugnis zu machen. Dies soll Unternehmen in der Lieferkette und Verbrauchern einen besseren Informationszugang verschaffen und kann so Druck auf Anbieter aufbauen, besonders besorgniserregende Stoffe durch weniger bedenkliche Alternativen zu ersetzen. Daher wird auch von einem reputationsbedingten „Ankündigungseffekt" der Kandidatenliste gesprochen (vgl. Heitmann/Reihlen 2007). So mag beispielsweise ein Anbieter die besseren hygienischen Eigenschaften eines Metalls gegenüber anderen Werkstoffen für bestimmte Anwendungen nutzen, um Einsatz und Menge einer bedenklichen Chemikalie zur Reinigung oder Desinfizierung zu reduzieren. Im Zuge der Erforschung neuer Werkstoffe oder Technologien zur Vermeidung des Einsatzes bedenklicher Stoffe mögen Produktinnovationen entstehen, die sich sowohl produkt- als auch kommunikationspolitisch zur Stabilisierung oder Verbesserung der Wettbewerbsposition nutzen lassen.

Ein Anliegen von REACH ist es, das Wissen über die Eigenschaften von Stoffen im Hinblick auf Umwelt- und Gesundheitswirkungen zu verbessern. Unternehmen können hierdurch Kosten einsparen, indem sie bessere Auswahlentscheidungen bei Rohstoffen treffen, ein effizienteres Risikomanagement am Produktionsstandort und in der Lieferkette etablieren sowie Prozess- und Produktumstellungen infolge auftretender chemischer Risiken oder Probleme vermeiden können. Durch diesen Nutzen für die Chemikaliensicherheit vermag REACH somit Abnehmern weltweit eine hohe Qualität der unter REACH geprüften Stoffe und daraus hergestellten Gemische bzw. Erzeugnisse zu signalisieren. Sofern diese Vorteile von den Marktakteuren wahrgenommen werden, könnten EU-Anbieter REACH als *Gütesiegel* verwenden, um einen zusätzlichen Nutzen zu kommunizieren und sich von anderen, nicht unter REACH fallenden Anbietern auf dem internationalen Markt abzugrenzen.

Mit den genannten REACH-Themen sind beispielhaft Anknüpfungspunkte zur Berücksichtigung von Nachhaltigkeitsaspekten im Rahmen der CSR-Strategie von Unternehmen angesprochen. Inwieweit gerade auch KMU von CSR betroffen sind, wird im nächsten Abschnitt erörtert.

3 Relevanz für KMU

Mit Blick auf die REACH-Verordnung stellt sich die Frage, ob große sowie kleine und mittlere Unternehmen in gleicher Weise von CSR betroffen sind, ob es bei KMU Besonderheiten gibt, oder ob CSR hier generell nur für große, multinationale Unternehmen relevant ist. Für den mittelständischen Teil des Chemikaliensektors ist diese Frage durchaus von Bedeutung. Branchenstatistiken zufolge sind 96 Prozent der 29.000 Chemieunternehmen in der EU Kleinstunternehmen, kleine Unternehmen oder mittlere Unternehmen (sh. Cefic 2010, S. 13). Rund ein Viertel dieser Unternehmen sind Hersteller von Stoffen. Insgesamt sollen sechs von sieben direkt von REACH betroffenen Unternehmen KMU sein (vgl. Cefic 2005).

Das Nationale CSR-Forum resümiert wie folgt (Nationales CSR-Forum 2010, S. 33):

> *„Noch ist das Verständnis von CSR als ein strategisches Managementinstrument in der Unternehmerschaft unterschiedlich ausgeprägt. Eine Hürde auf dem Weg zu einem stärkeren strategischen Engagementansatz ist der Begriff: CSR ist vielen KMU noch kaum oder gar nicht bekannt, bei den meisten großen Unternehmen dagegen seit einiger Zeit fester Bestandteil der Unternehmensstrategie.“*

Organisatorisch mag CSR-Management auf den ersten Blick in großen Unternehmen stärker etabliert sein, wo für Nachhaltigkeits-, Compliance- oder Ethik-Angelegenheiten zunehmend eigens verantwortliche Beauftragte oder sogar Abteilungen zu finden sind. Auch mögen hier neue CSR-bezogene Konzepte wie ESG-KPIs (Key Performance Indicators for Environmental, Social and Governance Issues, vgl. DVFA 2010) in der Unternehmenssteuerung und Berichterstattung weiter verbreitet sein. Dieser wachsenden Professionalisierung wird ein „eher gesellschaftsbezogener Ansatz“ (Nationales CSR-Forum 2010, S. 32) bei KMU gegenübergestellt, in dessen Zentrum die persönliche Motivation der Unternehmer zur Gemeinwohlförderung und anstelle von „Global Issues“ eine regionale Konzentration auf den Unternehmensstandort stehen sollen.

So weitgehenden Verallgemeinerungen sollte mit etwas Vorsicht begegnet werden: Zum einen könnte es sein, dass in manchen Unternehmen ähnliche Aktivitäten einfach mit einem anderen – vielleicht traditionellerem – Vokabular wie „Umweltschutz“ oder „Arbeitsschutz“ umschrieben werden. Zum anderen bewegen sich mittlerweile viele KMUs, zum Beispiel als Lieferanten und Kooperationspartner von Großkonzernen oder als Marktführer für Spezial- oder Nischenprodukte, auf globalisierten Märkten und müssen so anspruchsvolle soziale und ökologische Standards erfüllen. Gleichwohl mag es zutreffen, dass es in KMU aufgrund begrenzter Managementkapazitäten oftmals nicht möglich ist, dauerhaft Personal ausschließlich für Themen wie CSR und Nachhaltigkeit bereitzustellen. Vorschläge, KMU bei der Weiterentwicklung ihrer CSR-Programme durch Mentoring-Angebote großer Unternehmen, durch staatliche oder andere institutionelle Stellen (zum Beispiel Handels- und Handwerkskammern) oder durch KMU-Netzwerke zu unterstützen (vgl. Rat für Nachhaltige Entwicklung 2006, S. 15), erscheinen daher sinnvoll.

Hinsichtlich der möglichen Wettbewerbsvorteile von CSR wird teilweise die Meinung vertreten, dass KMU im Vergleich mit Großunternehmen andere strategische Ziele verfolgen oder zumindest die Relevanz einzelner strategischer Wettbewerbsvorteile unterschiedlich einstufen. Eine aktuelle Studie kommt zu folgendem Ergebnis (Loew/Clausen 2010, S. 10):

> *„Bei klein- und mittelständischen Unternehmen werden insbesondere das Anziehen und Halten von Talenten und die Motivation ihrer Mitarbeiter als besonders wichtig angesehen. Weniger relevant erscheinen den meisten KMU-Befragungen zu Folge Aufbau und Schutz der Reputation des Unternehmens und dessen Marken sowie der Beitrag zur Verbesserung des Risikomanagements.“*

Zwar seien grundsätzlich ähnliche Wettbewerbsvorteile (darunter auch die Förderung von Innovationen und der Aufbau von Reputation) von Interesse. Bei KMU stünden jedoch die Erhöhung der Attraktivität als Arbeitgeber und die Nachbarschaftsbeziehungen (zum Beispiel zur Gemeinde) im Vordergrund, während Großunternehmen einen weitaus breiteren Stakeholderkreis (bis hin zur globalen Öffentlichkeit) als reputationsrelevant erachteten. Ferner seien die von Großunternehmen zu beachtenden Risiken komplexer, mannigfaltiger und schwerer zu überschauen.

Auf die chemische Industrie und insbesondere auf die REACH-Umsetzung scheint dies indes nicht ohne Weiteres übertragbar zu sein. Hier können sich KMU keinesfalls pauschal mit einem Risikomanagement auf „Sparflamme“ zufrieden geben. So beinhaltet die REACH-Verordnung zwar einige Erleichterungen für KMU, doch sind diese zumeist eher administrativer Natur (zum Beispiel Gebührenermäßigungen bei Registrierungen, Zulassungen). Die inhaltlichen Anforderungen zum Erreichen der Schutzziele von REACH gelten unabhängig von der Unternehmensgröße. Ein kleines Unternehmen muss also hinsichtlich der menschlichen Gesundheit und der Umwelt dasselbe Sicherheitsniveau wie ein großes Unternehmen gewährleisten können; das heißt zum Beispiel geeignete Risikomanagementmaßnahmen einführen, um Risiken für Arbeitnehmer bei der Verwendung gefährlicher Chemikalien zu minimieren. Es steht außer Frage, dass die Reputation eines Unternehmens für seine soziale Verantwortung im Positiven wie im Negativen langfristig dadurch beeinflusst werden kann, ob und wie das Unternehmen diese sicherheitsrelevanten Standards einhält. Dies dürfte im Grundsatz ebenso auf kleine und mittlere wie auf große Unternehmen zutreffen. Daher scheinen Auswirkungen der Umsetzung von REACH auf die CSR-Strategie und die Reputation von KMU durchaus relevant zu sein.

4 CSR-Strategie im Kontext von REACH

4.1 REACH-Erfüllung als Teil der Produkt- und Kommunikationsstrategie

4.1.1 Systematisierung von CSR-Strategien

Grundsätzlich mag ein Anbieter im Rahmen seines CSR-Engagements auf eine (drohende) chemikalienrechtliche Regulierungsmaßnahme, etwa eine Beschränkung oder Zulassungspflicht für besonders besorgniserregende Stoffe, offensiv oder defensiv reagieren. Eine *offensive Reaktion* beinhaltet besondere, überdurchschnittliche unternehmerische Anstrengungen, die wahrnehmbar über gesetzliche Standards hinausragen. Umgekehrt impliziert eine *defensive Reaktion* den Verzicht auf entsprechende überdurchschnittliche Leistungen, wobei gesetzliche Anforderungen als mehr oder weniger „notwendiges Übel" und einzuhaltende Mindeststandards betrachtet werden. Auch Reaktionen in der Mitte dieser beiden Extrempole, z. B. eine umfassende Risikokommunikation bei gleichzeitigem Verzicht auf eine frühzeitige Substitution des chemischen Stoffes, sind denkbar.

Ein defensives Vorgehen dürfte einerseits dadurch motiviert sein, dass der Anbieter die (negativen wie positiven) Konsequenzen der Regulierungsmaßnahme für seine Unternehmensreputation und seinen Unternehmenserfolg als marginal einschätzt. Andererseits mag er aber auch seine eigenen Einwirkungsmöglichkeiten auf diese Folgen als sehr gering oder als ineffizient erachten. Im Ergebnis wird ein Anbieter in beiden Fällen sodann vermutlich auf die Verankerung von produkt- und/oder kommunikationsbezogenen Maßnahmen in seiner Unternehmensstrategie verzichten.

Gelangt der Anbieter jedoch im Rahmen seiner Folgenabschätzung zu dem Schluss, dass er die Konsequenzen der Regulierungsmaßnahme im Grundsatz durch seine eigenen Maßnahmen beeinflussen kann, so stellt sich nachgelagert zum einen die Frage, auf welche Art und Weise er reagieren kann. Zum anderen wird ein Anbieter wissen wollen, welche dieser alternativen Reaktionsmöglichkeiten besonders geeignet erscheint, die (drohenden) negativen Auswirkungen auf seine Unternehmensreputation in engen Grenzen zu halten bzw. die Situation sogar zur aktiven Reputationssteigerung zu nutzen. Darüber hinaus wäre für ihn auch die Kenntnis um Einflussfaktoren relevant, die die Wirkung seiner Strategien begünstigen oder beeinträchtigen mögen. Vor einer solchen Wirkungsabschätzung, die in Abschnitt 4.2 vorgenommen wird, sind jedoch zunächst die einschlägigen Handlungsalternativen darzulegen.

Ein Anbieter hat allgemein die Möglichkeit, auf eine gesetzliche Vorschrift bzw. Regulierungsmaßnahme im Kontext von REACH mit produkt- und/oder kommunikationsbezogenen Maßnahmen zu reagieren und diese in seiner Unternehmensstrategie zu verankern. Als *kommunikative Strategieelemente* werden im Folgenden solche bezeichnet, die auf immaterieller Basis (jenseits bzw. anstelle materieller Leistungen oder Entschädigungen) durch Informationsangebote bei öffentlich thematisierten Produktproblemen (z. B. produktinduzierte gesundheitliche Risiken) versuchen, positiv auf die Unternehmensreputation einzuwirken.

Produkt- bzw. leistungsbezogene Strategieelemente sind dagegen (primär) auf das Angebot einer bestimmten materiellen Leistung, einschließlich eines materiellen Ausgleichs bzw. einer Gegenleistung im Sinne einer Entschädigung für ein (vermeintliches) Produktproblem ausgerichtet. Sämtliche kommunikativen Elemente werden hier unter dem Begriff Kommunikationsstrategie, die Vielzahl der produkt- bzw. leistungsbezogenen Merkmale unter dem Begriff Produktstrategie subsumiert.

Tabelle 1 fasst die sich aus der Kombination von Produkt- und Kommunikationsstrategie in jeweils zwei Ausprägungsgraden (offensiv vs. defensiv) ergebenden Unternehmensstrategien als denkbare CSR-Strategien zusammen. Im

Folgenden werden diese vier Strategien näher beschrieben, um sie sodann auf ihre potentiellen Reputationswirkungen zu untersuchen und aus der Perspektive von KMU zu beurteilen.

<table>
<tr><td></td><td></td><td colspan="2">Produktstrategie</td></tr>
<tr><td></td><td></td><td>Übererfüllung von REACH-Vorschriften
(offensives Vorgehen)</td><td>Erfüllung von REACH-Vorschriften
(defensives Vorgehen)</td></tr>
<tr><td rowspan="2">Kommunikationsstrategie</td><td>Übererfüllung von REACH-Vorschriften
(offensives Vorgehen)</td><td>Umfassende CSR-Strategie
(1)</td><td>Kommunikationsfokussierte CSR-Strategie
(2)</td></tr>
<tr><td>Erfüllung von REACH-Vorschriften
(defensives Vorgehen)</td><td>Produktfokussierte CSR-Strategie
(3)</td><td>Business-as-usual-Strategie
(4)</td></tr>
</table>

Tab. 1: Unternehmensstrategien als Kombination von Produkt- und Kommunikationsstrategie im Überblick

4.1.2 Charakterisierung von CSR-Strategien

4.1.2.1 Umfassende CSR-Strategie

Bei einer umfassenden CSR-Strategie unternimmt ein Anbieter große Anstrengungen, um seine Kunden und die allgemeine Öffentlichkeit vor den Gefahren seiner Produkte zu schützen. Er klärt über etwaige Risiken und eine sichere Verwendungsweise des Produktes im Rahmen seiner Kommunikationsaktivitäten umfassend und vorbeugend auf. Der Anbieter verhält sich nicht nur REACH-konform, sondern geht weit darüber hinaus, indem er beispielsweise Forschung und Entwicklung im Rahmen von Kooperationen mit anderen KMU betreibt, sich proaktiv für die Substitution bedenklicher Stoffe einsetzt und über Inhaltsstoffe, Lieferanten, Produktionsweise und Maßnahmen zur Qualitätssicherung rechtzeitig, z. B. auf Produktpackungen, über eine eigene Website oder im Rahmen von Werbekampagnen informiert.

Er greift somit das Thema Chemikaliensicherheit als möglichen Botschaftsinhalt seiner Unternehmens- bzw. Produktkommunikation auf, nachdem er bereits auf Produktionsseite entsprechende überdurchschnittliche Maßnahmen ergriffen hat. Dadurch wird seine eigene unternehmerische Performanz und Verantwortung für das Wohl der Verbraucher sichtbar und er geht insgesamt offensiv mit etwaigen, in der Öffentlichkeit thematisierten Qualitäts- bzw. Sicherheitsproblemen der von ihm angebotenen Produkte um. Der Anbieter betrachtet die umfassende Kommunikation über seine überdurchschnittlichen Anstrengungen im Kontext von REACH möglicherweise als notwendige Voraussetzung dafür, dass potentielle Abnehmer seiner Produkte im Markt diese Maßnahmen und die angebotene hohe Produktqualität auch tatsächlich wahrnehmen und ihr Kauf- und Verwendungsverhalten daran ausrichten.

Ein Beispiel für eine umfassende CSR-Strategie bildet die öffentliche Bekanntmachung von überdurchschnittlichen Maßnahmen zur Schadensabwehr wie etwa eine transparente Darstellung des Qualitätssicherungssystems in Produktion und Beschaffung. Zwecks Schadensreduktion mag der Anbieter in logistische Maßnahmen zur lückenlosen Rückverfolgbarkeit der Produkte im Hinblick auf Inhaltsstoffe, Herkunft bzw. Hersteller/Lieferanten sowie Abnehmer investieren. Solche Maßnahmen kann er Abnehmern gegenüber durch die Verwendung eines produktsicherheitsbezogenen Qualitäts- oder Compliance-Siegels oder im Wege seiner freiwilligen Umweltberichterstattung kommunizieren. Um die Verfügung über im Nachhinein als für Verbraucher oder Umwelt riskant erkannte Produkte zwecks Elimination der Risiken zurückzubekommen und damit seine Reputation zu schützen, mag sich der Anbieter für einen freiwilligen Produktrückruf aussprechen. Für etwaige bereits aufgetretene sicherheitsrelevante Qualitätsprobleme seiner Produkte spricht der Anbieter öffentlich seine Entschuldigung aus (vgl. Tedeschi/Reiss 1981, S. 296 f.). Im Rahmen der flankierenden Rückrufkommunikation könnte er Verhaltensempfehlungen aussprechen, die in Erläuterungen zu einer adäquaten Verwendungsweise oder in Hinweisen auf andere Einsatzmöglichkeiten des Produkts bestehen, welche eine höhere Nutzenstiftung für den Verbraucher erwarten lassen.

4.1.2.2 Kommunikationsfokussierte CSR-Strategie

Eine kommunikationsfokussierte CSR-Strategie liegt dann vor, wenn der Anbieter die Abnehmer seiner Produkte bzw. die allgemeine Öffentlichkeit zwar überdurchschnittlich, über das gesetzliche Niveau hinaus über produktbedingte Risiken und abnehmerseitige Maßnahmen zur Risikoabwehr informiert, er sich andererseits aber eher reaktiv bei produktbezogenen Maßnahmen wie Entwicklungsanstrengungen zur Substitution durch weniger bedenkliche Stoffe verhält. Beispielsweise werden gesetzlich vorgesehene Übergangszeiträume für die Weiterverwendung eines demnächst verbotenen Stoffes voll ausgeschöpft. Andererseits stellt der Anbieter aber Verbrauchern stoffbezogene Informationen etwa nicht – wie in Art. 33 Abs. 2 REACH-VO vorgesehen – erst auf deren Ersuchen hin zur Verfügung, sondern macht diese freiwillig und ausführlich (z. B. auf der eigenen Website) bekannt.

Die Wahl einer solchen Strategie mag dabei motiviert sein durch eine grundsätzlich andere Einschätzung der stoffbezogenen Risiken für Mensch und/oder Umwelt oder aber eine weniger günstige Beurteilung von Stoffalternativen. Zudem mag das Unternehmen erkannt haben, dass neben Eigenschaften des Produktes und situativen Gegebenheiten insbesondere das Sicherheitsverhalten der Konsumenten Produktrisiken beeinflussen (vgl. Standop 1993, S. 951 ff.; Klinger 1998, S. 239). Anders als in der Business-to-Business-Situation sind Abnehmer auf Business-to-Customer-Märkten häufig nicht in der Lage, die angemessene Verwendungssorgfalt zu erkennen. Nicht selten wird den Anbietern dann die rechtliche und oft auch moralische Verpflichtung zugesprochen, so auf das Sicherheitsverhalten der Konsumenten einzuwirken, dass die Wahrscheinlichkeit für Schäden beim privaten Konsum nachhaltig reduziert wird. Auf diesen Umstand mag ein Anbieter mit einer kommunikationsfokussierten CSR-Strategie reagieren, da sich zur wirksamen Steuerung des Sicherheitsverhaltens der Konsumenten vor allem das kommunikationspolitische Instrumentarium eignet.

Auch wenn das KMU möglicherweise nicht zu überdurchschnittlichen produktbezogenen Maßnahmen aufgrund knapper Budgets in der Lage sein mag, so erhofft es sich von einer umfassenden Sicherheitskommunikation in Form einer Aufklärung über Inhaltsstoffe, deren Herkunft und Risiken für Verbraucher günstige Effekte auf die Unternehmensreputation. Ist es bereits zu ersten Schadensfällen im Zuge der Produktverwendung gekommen, so wird der Anbieter bei Wahl der kommunikationsfokussierten CSR-Strategie zuvorkommend auf öffentlich laut werdende Vorwürfe nach einer Produktverantwortung reagieren und offenkundig die volle Verantwortung und Aufklärung der Problemursachen bekunden. Allerdings wird er – konsistent zur gewählten produktbezogenen Komponente seiner CSR-Strategie – die Existenz der in der Öffentlichkeit in bestimmter Weise (möglicherweise überzogen) dargestellten Produktprobleme negieren oder herunterspielen.

4.1.2.3 Produktfokussierte CSR-Strategie

Bei Wahl der produktfokussierten CSR-Strategie verzichtet der Anbieter auf eine offensive Kommunikation über stoff- bzw. produktbedingte Risiken und hält sich auch bei der werbewirksamen Betonung der eigenen Produktverantwortung eher zurück. Stattdessen wird besonderer Wert auf überdurchschnittliche Investitionen in die Produktqualität und -sicherheit gelegt, wodurch die Produkte und deren Verwendung für Mensch und Umwelt insgesamt sicherer gemacht werden sollen. Dazu gehören etwa umfangreiche Forschungs- und Entwicklungstätigkeiten des KMU im Rahmen von Forschungskooperationen, die das KMU befähigen, Risiken früher zu erkennen und innovative Produkte zu entwickeln, die bei gleicher Leistungsfähigkeit und Funktionalität (weitestgehend) ohne für Mensch und/oder Umwelt besonders besorgniserregende Substanzen auskommen.

Auch wenn der Anbieter solche Maßnahmen nicht aktiv kommuniziert, so mögen sie sich dennoch durch positive Mund-zu-Mund-Kommunikation im Wege von Diffusionsprozessen oder aber über eine (neutrale) Medienberichterstattung im Markt verbreiten. Ob und in welcher Stärke allerdings solche positiven Effekte gegebenenfalls auftreten werden, wird im Rahmen der Reputationsfolgenabschätzung näher zu betrachten sein.

Die produktfokussierte CSR-Strategie eröffnet einem Anbieter zudem grundsätzlich die Möglichkeit, ein öffentlich thematisiertes Produktproblem, das der Anbieter in seiner Existenz nicht leugnen mag, im Rahmen seiner Kommunikation auf solche Ursachen zurückzuführen, die er – durch seine Qualitätsoffensive belegbar – selber nicht zu vertreten hat. Denn schließlich hat er diesbezüglich vorgesorgt. Mit öffentlichen Vorwürfen oder Schuldzuweisungen an andere Akteure hält sich der Anbieter – konsistent zur gewählten defensiven Kommunikation – jedoch eher zurück.

4.1.2.4 Business-as-usual-Strategie

Bei Anwendung einer business-as-usual-Strategie hält sich der Anbieter sowohl im Hinblick auf seine produktbezogenen Maßnahmen als auch in Bezug auf seine Kommunikation an gesetzliche Vorgaben und geht nicht darüber hinaus. Weder tritt er für eine umfassende, rückhaltlose Verbraucheraufklärung über in den Produkten enthaltene Stoffe und deren Bezugsquellen ein, noch für eine frühzeitige Substitution potentiell bedenklicher Stoffe und Produkte. Im Rahmen der nachfolgend vorzunehmenden Wirkungsabschätzung ist diese Variante folglich als Referenzstrategie im Sinne eines bewussten Verzichts auf die Verankerung von CSR-Elementen in der Unternehmensstrategie zu betrachten.

Auf öffentlich bekannt gewordene Produktprobleme würde ein Anbieter bei Wahl der business-as-usual-Strategie sehr defensiv mit einem Verweis auf die vollständige Konformität sämtlicher produkt- wie kommunikationsbezogenen

Aktivitäten seines Unternehmens mit den geltenden gesetzlichen Bestimmungen der REACH-VO reagieren. Im Schadensfalle würden wohl die Existenz eines öffentlich thematisierten Produktproblems per se samt Verantwortlichkeit des Anbieters negiert.

Um von der eigenen Produktverantwortung abzulenken, mögen Unternehmen Ausweichstrategien wählen, wo definierte Begriffe der REACH-VO überdehnt werden, um nicht der REACH-Pflicht zu unterliegen. Ein Beispiel ist der Versuch, Toner-Kartuschen für Drucker und Kopierer als Erzeugnisse und nicht als Gemische zu definieren, um nicht unter die für Stoffe geltenden strengeren Vorschriften der REACH-VO zu fallen. Ein anderes Beispiel ist der Versuch, den Begriff „Zwischenprodukte" zu überstrapazieren. Unter REACH gelten Stoffe nur als Zwischenprodukte, wenn sie in einem chemischen Prozess eingesetzt werden, dessen Hauptziel die Umwandlung des Stoffes in einen anderen Stoff ist. Zwischenprodukte sind von der Zulassung ausgenommen, für streng kontrollierte Zwischenprodukte ist eine Registrierung mit reduzierten Datenanforderungen möglich. Bei Wahl einer business-as-usual-Strategie verlassen sich Unternehmen insofern eher auf den Versuch, durch unzulässige Rechtsauslegung einen einseitigen Vorteil zu erlangen, als auf Nachhaltigkeit und Vorsorge.

4.2 Auswirkungen auf die Unternehmensreputation

4.2.1 Theoretische Grundlagen

Die oben beschriebenen CSR-Strategien haben die Wiederherstellung bzw. Verbesserung der Unternehmensreputation zum Ziel. Unter dem Begriff *Unternehmensreputation* wird hier das für den Markterfolg relevante Ansehen eines Anbieters bei relevanten Anspruchsgruppen, insbesondere bei (potentiellen) Abnehmern, verstanden, in dem sich deren Vertrauen in die Produkt- und Anbieterqualitäten (etwa die Produktleistung und -sicherheit, die Berücksichtigung von Umwelt- und Verbraucherschutz) reflektiert (vgl. Schwalbach 2000, S. 1; Büschken 1999 und 2000; Dean 2004, S. 198; Standop 2006, S. 96).

Die Reputation wird so verstanden, dass sie bereits Schaden nimmt bei lediglich geringen Verdachtsmomenten auf eine unzureichende Produktqualität, also auch ohne dass ein Stoff bereits in seiner Herstellung oder Verwendung verboten ist. So könnte bereits die öffentliche Nennung eines Stoffes auf der Website der Europäischen Chemikalienagentur (ECHA) mit der Ankündigung, dass ein Mitgliedstaat oder die EU-Kommission diesen als besonders besorgniserregend ermitteln wird, sowie das darauf folgende öffentliche

Kommentierungsverfahren zur Identifizierung als SVHC-Stoff, für ein Unternehmen, das den Stoff herstellt oder verwendet, relevant sein. In Sitzungen des MSC (Member State Committee), dem bei der ECHA eingerichteten Ausschuss der Mitgliedstaaten, wurde von Industrievertretern berichtet, dass Reputationsverluste bereits dann auftreten, wenn auf der ECHA-Homepage ein Mitgliedstaat oder die Kommission in einem „Registry of Intentions" (ROI) ihre Absicht veröffentlichen, einen bestimmten Stoff formal als besonders besorgniserregend (SVHC) zu ermitteln. Negative Effekte auf die Reputation ergeben sich natürlich erst recht durch einen bereits eingetretenen Schadensfall (etwa massenhaft eingetretene Gesundheitsschäden oder Umwelt- und Entsorgungsprobleme nach Produktverwendung). Noch nicht so sehr im Zusammenhang mit REACH, wohl aber in vergleichbaren anderen Bereichen konnte man das sehr konkret an Börsenkursverlusten nach bekannt gewordenen produktbedingten Schadensfällen und begleitenden Rückrufaktionen ablesen.

Theorien zur Erklärung und Prognose der Wirkungsweise der oben betrachteten CSR-Strategien sollten folglich in der Lage sein, Reputationseffekte sowohl vor Bestehen eines (ernsthaften) Produktproblems, also bei Existenz latenter Risiken, als auch danach, mithin bei Vorliegen von durch Schadensfälle konkretisierter Risiken, zu erfassen. Bezogen auf das Kaufverhalten der Konsumenten sollten die Ansätze sowohl Reputationseffekte in der Vorkaufphase als auch in der Nachkauf- oder Verwendungsphase einfangen.

Als konkrete Ansatzpunkte der ausgewählten Strategien kommen dabei die reputationsrelevanten Reaktionen der *gegenwärtigen und potentiellen Käuferschaft des betreffenden Anbieters* in Betracht, und zwar im Grundsatz sowohl *psychische Reaktionen* (affektive wie kognitive Reaktionen) als auch *Verhaltensreaktionen,* nämlich Reaktionen im Kaufverhalten, im Verwendungsverhalten, in der persönlichen Kommunikation. In einschlägigen Untersuchungen zum Umgang mit negativer Publizität und Produktkrisen stehen zumeist *psychische Reaktionsvariablen* zur Erfassung der Anbieterreputation im Mittelpunkt. Eine solche Schwerpunktsetzung wird auch hier vorgenommen:

Erstens können psychische Reaktionen unter bestimmten Voraussetzungen als Prädispositionen für nachgelagerte Verhaltensreaktionen angesehen werden. Das bedeutet, dass sich in vielen Situationen aus psychischen Reaktionen auf späteres Verhalten schließen lässt (vgl. Kroeber-Riel/Weinberg 1996, S. 338; Yoon/Guffey/Kijewski 1993, S. 215 ff.; Blodgett/Granbois/Walters 1993, S. 399 ff.). So wird etwa die (Un-)Zufriedenheit in vielen Studien als zentrale psychische Determinante für Reaktionen in der persönlichen Kommunikation (etwa negativer Mund-zu-Mund-Kommunikation nach Produktproblemen) erachtet (vgl. Anderson 1998, S. 5 ff; Richins 1983, S. 68 ff.; Richins 1985, S. 82 ff.).

Zweitens würde die Einbeziehung von Verhaltensreaktionen als abhängige Variablen eine entsprechende Berücksichtigung der Wirkungen psychischer Prozesse respektive der betrachteten psychischen Variablen auf Verhaltensprozesse bzw. Verhaltensvariablen erfordern. Eine Analyse der Beziehungen zwischen einzelnen Reputationsdimensionen (wie der wahrgenommenen Produktqualität und wahrgenommenen Verantwortlichkeit des Anbieters) soll aufgrund des begrenzten Rahmens dieses Buches und der vorgenommenen Schwerpunktsetzung jedoch nicht erfolgen.

Drittens schlagen sich in Verhaltensreaktionen die Effekte vergleichsweise stärker nieder, die nicht unmittelbar strategieinduziert sein mögen, wie etwa bereits in der Vergangenheit erprobte Verhaltensweisen, Einstellungen (auch Vorurteile) oder Erfahrungen. Umgekehrt zeigen sich strategiespezifische Effekte vergleichsweise unverfälschter und unmittelbarer in den psychischen Reaktionen der Rezipienten, die sich somit als unmittelbare Ansatzpunkte von CSR-Strategien betrachten lassen.

Von den nun näher zu betrachtenden psychischen Reaktionsvariablen sind angesichts des zugrunde gelegten Unternehmensziels primär solche Variablen von Interesse, von denen, auf der Grundlage bereits existierender Voruntersuchungen, ein starker Einfluss auf die Reputation des Anbieters vermutet werden kann respektive solche Größen, die sich in Vorstudien als Dimensionen der Reputation des Anbieters herauskristallisiert haben. Hierzu zählen insbesondere die *wahrgenommene Problemschwere* und *wahrgenommene Verantwortlichkeit* des Anbieters für ein Produktproblem als situationsbezogene Größen sowie die von Verbrauchern bzw. Abnehmern *wahrgenommene Gerechtigkeit* und *wahrgenommene Leistung* des Anbieters (bezogen auf Produkt- und Anbieterqualitäten) als anbieterbezogene Faktoren (vgl. für einen Überblick Grunwald 2009, S. 88). Diese in zahlreichen empirischen Untersuchungen für besonders relevant befundenen Facetten der Unternehmensreputation mögen im Folgenden dazu dienen, ein weites Wirkungsspektrum der gegebenen Anbieterstrategien auf die Unternehmensreputation als nachgelagerte bzw. höher aggregierte Zielvariable aufzudecken.

Die Variable *Verantwortlichkeitszuweisung* bezieht sich dabei auf das Ausmaß der dem Anbieter zugewiesenen Verantwortung für ein öffentlich thematisiertes Produktproblem durch Rezipienten negativer Publizität. Es handelt sich um eine *kognitive Variable*, die die aus einem Prozess der Schlussfolgerung (sog. Attributionsprozess) über die psychologische Erklärung und Vorhersage hinsichtlich der Gründe für die öffentlich thematisierten negativen Ereignisse resultierende Interpretation der Rezipienten einzufangen sucht (vgl. Niemeyer 1993, S. 8; Niemeyer/Stegmüller 1991, S. 37).

Das theoretische Fundament bilden Ansätze der *Attributionstheorie* (vgl. Folkes 1988). Hiernach mögen zur Erklärung von Ereignissen (etwa negativen Konsumerfahrungen) von Rezipienten grundsätzlich zwei Verursachungsmöglichkeiten in Betracht gezogen werden (vgl. Niemeyer/Stegmüller 1991, S. 38.): Rezipienten würden danach entweder den Anbieter oder aber Konsumenten bzw. äußere Umstände als Verursacher annehmen. Wie bereits vorliegende empirische Untersuchungen belegen, wirkt sich insbesondere eine stärker anbieterseitige Ursachenzuschreibung abträglich auf die Anbieterreputation aus (vgl. Oliver/DeSarbo 1988, S. 495 ff.; Folkes 1984, S. 398 ff.).

Unter *wahrgenommener Problemschwere* lässt sich die aus dem Zusammenspiel der in einer Produktkrise thematisierten Produktrisiken als *Gesamteindruck* abgeleitete subjektiv empfundene Tragweite des zu beurteilenden Problems verstehen. Es handelt sich um ein subjektives, psychisches, stark *kognitiv* geprägtes Konstrukt, welches sich allein aus der *individuellen* Beurteilung von Rezipienten der negativen Publizität ergibt. In die wahrgenommene Problemschwere werden somit regelmäßig neben situationsspezifischen Faktoren auch rezipientenspezifische Faktoren (wie etwa das Produktinvolvement von Rezipienten) einfließen. Nach Mowen/Ellis (1981) beeinflusst die Wahrnehmung der Problemschwere die allgemeine Wahrnehmung der Firma im Sinne der hier betrachteten Reputation (vgl. Mowen/Ellis 1981, S. 168). Dieser Einfluss leitet sich aus *attributionstheoretischen Überlegungen* ab: Je größer der wahrgenommene Schaden, desto stärker wird dem Anbieter die Verantwortlichkeit für die Existenz des Produktproblems zugerechnet (vgl. Silvera/Laufer 2005, S. 22.).

Die *wahrgenommene Gerechtigkeit* bezieht sich auf die von Rezipienten wahrgenommenen Austauschbeziehungen zwischen den über Produktprobleme berichtenden Akteuren (Kunden bzw. kundennahe Quellen) einerseits und dem von negativer Publizität betroffenen Anbieter andererseits. Rezipienten beobachten Austauschbeziehungen anderer Austauschpartner, die über eigene negative Produkterfahrungen mit einem Anbieter bzw. dessen Leistungsangebot berichten, von denen erstgenannte potentiell selbst betroffen sein mögen. Hieraus resultiert eine Einschätzung hinsichtlich des in solchen Beziehungen involvierten Anbieters, mit dem Rezipienten bereits bzw. potentiell zukünftig selbst eigene Austauschbeziehungen unterhalten bzw. weiterführen mögen.

Grundannahme der *Equity-Theorie* zur Erklärung des Entstehens wahrgenommener Gerechtigkeit ist der Vergleich des Kunden sowohl seines eigenen Einsatzes (Inputs) mit dem aus einer Austauschbeziehung (Kunde-Anbieter-Beziehung) resultierenden Ergebnis (Outputs) als auch seiner eigenen In- und Outputs mit denen des Anbieters und anderer Kunden (vgl. Homburg/Rudolph 1997, S. 36). Unter dem *Input* können wahrgenommene Verluste materieller wie immaterieller Art (etwa erfahrene Schäden oder Folgeschäden, der gezahlte Kaufpreis, Unzufriedenheit bzw. kognitive Dissonanzen) subsumiert werden. Als *Output* lässt sich der Wert der erhaltenen Leistung (einschließlich einer nachträglich, nach dem Kauf, gewährten bzw. in Aussicht gestellten Kompensation) respektive deren Nutzen fassen. Aus diesem Vergleich zieht der Kunde Schlüsse über die Gerechtigkeit (equity) einer Austauschsituation, die aus Sicht des Urteilenden empfunden wird, wenn sein eigenes Output-Input-Verhältnis mit dem (denen) der Referenzperson(en) (Anbieter und/oder andere Kunden) übereinstimmt (vgl. Homans 1968, S. 30; Adams 1965, S. 267 ff.) respektive in einem gewissen, nicht zu großen Rahmen zugunsten des Urteilenden ausfällt (vgl. Fisk/Young 1985, S. 341).

Die Variable wahrgenommene Gerechtigkeit lässt sich als primär *affektiv* geprägter, emotionaler Teil der Reputation des Anbieters interpretieren. Dieser Teil umfasst Aspekte wie die von Rezipienten empfundene *Glaubwürdigkeit* des Anbieters (vgl. Greenberg 1990, S. 138 ff.; Schwaiger/Cannon 2004, S. 239 und 250 f.) und berücksichtigt unmittelbare Reaktionen der Rezipienten auf Strategien des Anbieters, deren Inhalte als nachträgliche Ergebnisse (Outputs) beobachteter Austauschbeziehungen aufgefasst werden können (vgl. Smith/Bolton/Wagner 1999, S. 359).

Neueren Ansätzen der Equity-Theorie zufolge wird wahrgenommene Gerechtigkeit als mehrdimensionales Konstrukt aufgefasst, das eine distributive, prozedurale und interaktionale Dimension beinhaltet (vgl. Blodgett/Hill/Tax 1997; Blodgett/Tax 1993; Tax/Brown/Chandrashekaran 1998; Smith/Bolton/Wagner 1999). Distributive Gerechtigkeit (Verteilungsgerechtigkeit) ist dabei auf das Ergebnis des Austauschprozesses bezogen, prozedurale Gerechtigkeit (Verfahrensgerechtigkeit) bezieht sich auf die angewandten Verteilungsregeln („policies, procedures, criteria"), durch die ein Verteilungsergebnis herbeigeführt wird. Interaktionale Gerechtigkeit stellt auf die Behandlung des Austauschpartners während der Anwendung der Verteilungsregeln (etwa durch Mitarbeiter des Anbieters) im Einzelfall ab (vgl. Blodgett/Hill/Tax 1997, S. 189). Mit dem Equity-Modell werden zugleich auch die *Zufriedenheit* des Kunden und in der Folge das Nachkaufverhalten als reputationsrelevante Größen erklärt.

Im Falle eines Produktversagens *nach dem Kauf* sind Konsumenten nicht selten unzufrieden mit dem gekauften Produkt bzw. Produzenten und/oder Händler. Zufriedenheit ist ein nicht beobachtbares, hypothetisches Konstrukt, von dem verschiedene Individuen in der Regel eine mehr oder weniger präzise und unterschiedliche Vorstellung haben. In der Literatur hat sich das so genannte *Confirmation/Disconfirmation-Paradigma* als herrschende Meinung etabliert. Danach wird Zufriedenheit aus einem Abgleichsprozess zwischen den individuellen Erwartungen an die Leistung und der Wahrnehmung der erhaltenen Leistung erklärt. Das Zufriedenheitsurteil entsteht demnach aus drei Komponenten: (1) der Soll-Komponente (Erwartungen), (2) der Ist-Komponente (tatsächlich wahrgenommene Leistung) und (3) dem Soll-Ist-Vergleich. Je nachdem, ob die Soll-Komponente im Rahmen des Abgleichsprozesses kleiner oder größer als die erhaltene Leistung wahrgenommen wird, ist der Kunde zufrieden bzw. unzufrieden.

Die *wahrgenommene Leistung* soll die *kognitive* Beurteilung der Rezipienten hinsichtlich der Qualität der von dem in die Kritik geratenen Anbieter angebotenen Produkte erfassen. Die Variable kann als der rationale, auf Fähigkeiten bzw. Kompetenzen des Anbieters bei seiner Leistungserstellung abstellende kognitiv geprägte Teil seiner Reputation aufgefasst werden (vgl. Schwaiger/Cannon 2004, S. 245). Der Einbezug dieser Variable trägt dem

Umstand Rechnung, dass sich die im Fokus der Kritik stehenden Produkte als Erfahrungsgüter kennzeichnen lassen, deren tatsächliche Qualität sich erst nach dem Kauf durch Produktkonsum bzw. (mittelbare oder unmittelbare) Produkterfahrung abschätzen lässt (vgl. Ford/Smith/Swasy 1988, S. 239 ff.).

Das theoretische Fundament bildet hier die *Signaling-Theorie*, die sich mit der Wirkung von Qualitätssignalen unter der Bedingung asymmetrisch zwischen Anbietern und Nachfragern verteilter Informationen in Bezug auf die Qualität der angebotenen Leistung beschäftigt (vgl. Shapiro 1982, S. 20 ff.; Shapiro 1983, S. 659 ff.; Tse 1999, S. 913; Spence 1974 und 1977; Spremann 1988; Kashyap 2001 sowie die dort angeführte Literatur; Büschken 1999; Yoon/Guffey/Kijewski 1993, S. 215 ff.; Mahon 2002, S. 415 ff.).

Durch die Wahl geeigneter Qualitätssignale mag der Anbieter die von Rezipienten wahrgenommene Leistung und damit die Anbieterreputation möglicherweise in günstiger Weise beeinflussen. Das setzt jedoch voraus, dass sich die Aussendung des Qualitätssignals lediglich für Anbieter hoher Qualität lohnt, also etwa das Versprechen einer überdurchschnittlichen Leistung für Anbieter schlechter oder lediglich marktüblicher Qualität mit prohibitiv hohen Folgekosten (z. B. Kosten der Nachbesserung und Reklamationsabwicklung, Konventionalstrafen, Rückrufkosten) verbunden wäre. In diesem Fall kommt es dann zu einem so genannten separierenden Gleichgewicht, bei dem Konsumenten zwischen Anbietern hoher und niedriger Qualität zu differenzieren vermögen. Ist das nicht der Fall, d. h. lohnt sich die Aussendung des Qualitätssignals auch für Anbieter schlechter Qualität, tritt ein so genanntes pooling-Gleichgewicht auf, in dem beide Anbietertypen dieselbe Strategie anwenden mögen und der Konsument nicht mehr in der Lage ist, zwischen Anbietern hoher und niedriger Qualität zu unterscheiden (vgl. Akerlof 1970, S. 488 ff.; Boulding/Kirmani 1993, S. 111 ff.; Tolle 1994, S. 934).

Als verhaltenswissenschaftliches Pendant zur Signaling-Theorie kann die *Cue-Utilization-Theorie* aufgefasst werden (vgl. Slovic/Lichtenstein 1971; Olson 1978; Adler 1996; Richardson/Dick/Jain 1994; Stafford 1996; Helm/Mark 2007). Sie beschäftigt sich mit den Prozessen der Aufnahme und Verarbeitung von Schlüsselmerkmalen bzw. Zeichen (engl. ‚cues') durch Individuen im Rahmen von Entscheidungsprozessen wie etwa Kaufentscheidungen. Schlüsselmerkmale sind Informationen, die für die Produkt- bzw. Anbieterbeurteilung besonders wichtig sind und mehrere andere Informationen substituieren oder bündeln. Sowohl die Erforschung der Wirkung einzelner isolierter Schlüsselmerkmale als auch die kombinierte Wirkung mehrerer simultan vorhandener Zeichen (z. B. Gütesiegel, Garantien und die Angabe des Herstellerlandes) bilden Forschungsbereiche der Cue-Utilization-Theorie (vgl. Purohit/Srivastava 2001, S. 124.). Damit ein Zeichen von Konsumenten als Indikator für die Produktqualität herangezogen wird, müssen nach dieser Theorie zwei Voraussetzungen erfüllt sein (vgl. Dean 2004, S. 193; Weinberger/Dillon 1980, S. 531; Herr/Kardes/Kim 1991, S. 454 ff.; Purohit/Srivastava 2001, S. 123 ff.; Slovic/Lichtenstein 1971; Helm/Mark 2007, S. 398).

Zum einen muss das Zeichen einen *diagnostischen Wert* bzw. *Prognosewert* (engl. *predictive value*) besitzen. Dies bedeutet, das Zeichen muss zuverlässig erscheinen zur Differenzierung von Beurteilungsobjekten (etwa Produkten oder Anbietern) durch Zuweisung zu unterschiedlichen Beurteilungskategorien (etwa Qualitätsstufen). Vorhersagen über die nach dem Kauf erfahrbare Produktqualität oder das Anbieterverhalten können so abgeleitet werden. Je diagnostischer ein Schlüsselmerkmal eingeschätzt wird, desto eher wird es zur Qualitätsbeurteilung herangezogen.

Bei gegebenem hohen diagnostischen Wert eines Schlüsselmerkmals mögen Konsumenten dieses jedoch dann nicht als Qualitätsindikator heranziehen, wenn es mit einem geringen *Vertrauenswert* (engl. *confidence value*) einhergeht. Ein Zeichen weist dann einen hohen Vertrauenswert auf, wenn es von Konsumenten als glaubwürdig und angemessen eingeschätzt wird, wobei es insbesondere auch auf die Beziehung zu anderen gegebenenfalls vorhandenen

Schlüsselmerkmalen ankommt. Ein hoher Vertrauenswert bildet somit die zweite Voraussetzung für die Eignung eines Schlüsselmerkmals als Qualitätsindikator. *Abbildung 1* veranschaulicht die Wechselwirkung zwischen dem Prognosewert und dem Vertrauenswert auf die Funktion eines Schlüsselmerkmals als Qualitätsindikator.

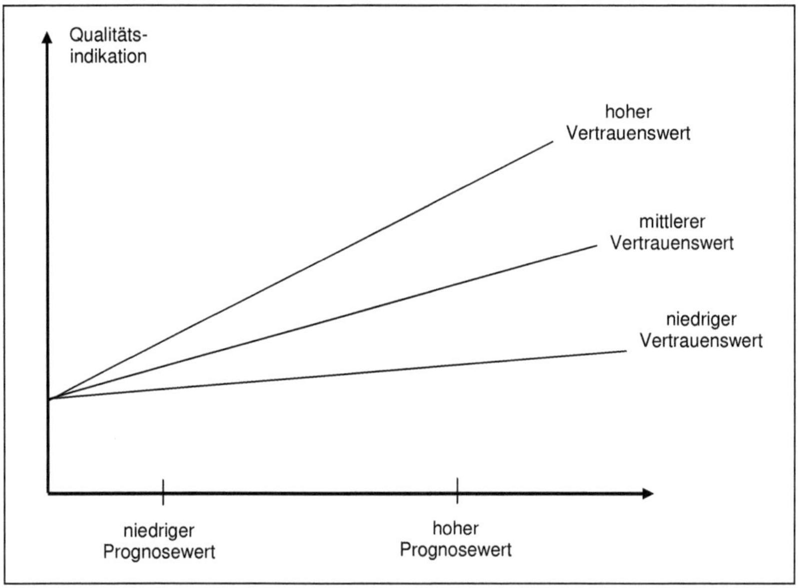

Abb. 1: Wechselwirkung zwischen Prognosewert und Vertrauenswert auf die Eignung eines Schlüsselmerkmals als Qualitätsindikator

(Quelle: Helm/Mark 2007, S. 399.)

4.2.2 Reputationsfolgenabschätzung

4.2.2.1 Umfassende CSR-Strategie

Positive Wirkungen einer *umfassenden CSR-Strategie* auf die Unternehmensreputation mögen sich insbesondere aus der Unerwartetheit solcher betont freigiebiger Haltungen aus Abnehmersicht ergeben. Ein Unternehmen kann durch einen solchen Schritt signalisieren, dass es seine (potentiellen) Kunden in deren Belangen ernst nimmt, was wiederum günstig auf die Beurteilung weiterer Unternehmensleistungen (etwa anderer Service- oder Produktangebote) bzw. das Unternehmen insgesamt ausstrahlen mag (Carry-over-Effekt).

So vermochte der Anbieter *Johnson & Johnson* in den 80er Jahren in den USA infolge eines Produktsicherheitsproblems bei dem angebotenen Schmerzmittel Tylenol seine Unternehmensreputation erfolgreich durch eine umfassende Kommunikations- und Produktstrategie, geprägt von hoher Transparenz der Kommunikation und eine weit überdurchschnittlich gestaltete und unerwartete Rückrufaktion, wiedergewinnen, wobei der Anbieter ebenso sein Image für soziale Verantwortlichkeit zur Reputationsbildung nutzte.

Als Beispiel für eine gelungene Reputationsverbesserung durch eine umfassende CSR-Strategie kann auch die Reaktion auf einen der schwereren Chemieunfälle der Geschichte der Bundesrepublik angesehen werden, der eine Selbstverpflichtung des Verbandes der Chemischen Industrie (VCI) zur Folge hatte. Bei dem sich am 22. Februar 1993 in Frankfurt am Main zugetragenen Unfall wurden bei der *Hoechst AG* 11,8 Tonnen verschiedener Stoffe freigesetzt, darunter solche, die Krebs erregen. Das Gemisch rieselte als "gelber Regen" auf den Stadtteil Schwanheim nieder (vgl. http://www.uni-protokolle.de/nachrichten/id/107207/">12 Jahre nach dem Hoechst-Unfall: Langzeitstudien unerwünscht?). Dieser Zwischenfall und die dabei aufgetretenen Probleme, Öffentlichkeit und Behörden umfassend und kompetent zu informieren, wurde von der deutschen chemischen Industrie zum Anlass genommen, grundsätzlich für alle hergestellten und verwendeten Chemikalien Stoffdatensätze in einer speziellen Datenbank anzulegen, diese laufend zu aktualisieren und gegebenenfalls Datenlücken zu schließen (vgl. http://www.gdch.de/oearbeit/press/2005/21.htm).

Als Beispiel für eine misslungene Reputationskampagne mag dagegen die Reaktion auf den Chemieunfall bei *Sandoz* im Jahre 1986 angesehen werden: In einer groß angelegten Imagekampagne mit dem Slogan „Natur ist Chemie. Chemie ist Leben. Leben ist Verantwortung.“ veröffentlichte der VCI einige

Tage nach der Rhein-Katastrophe im November 1986 bei *Sandoz* in Basel Folgendes:

> *„Lieber Fisch. Es wird dir guttun, dass die chemische Industrie die organische Belastung der Gewässer in den letzten 20 Jahren um mehr als 90 % gesenkt hat. „Es gibt nichts zu beschönigen. Wir haben alle miteinander noch genug zu tun, die Abwasser-Sünden der Vergangenheit aufzuarbeiten. Aber es war unredlich, zu übersehen, wieviel wir gemeinsam geschafft haben. Dazu hat die chemische Industrie beigetragen. [...] So manches Problem haben wir in der Chemie also schon gelöst. Die noch nicht bewältigten Aufgaben werden wir uns mit Verantwortungsbewusstsein und Energie vornehmen. Verantwortung hat Leitlinien. Ihr Exemplar liegt bereit. Die Initiative ‚Geschützter leben' [...] informiert Sie über DIE CHEMISCHE INDUSTRIE. Natur ist Chemie. Chemie ist Leben. Leben ist Verantwortung." (vgl. Peter 2004, S. 257; Peter 2009, S. 304).*

Grundsätzlich vermag die *freiwillige Ankündigung* oder Einleitung von Maßnahmen, die nicht von außen, etwa durch die rechtlichen Gegebenheiten der Situation oder Druck betroffener Parteien oder eingeschalteter Institutionen (Regulierungsinstanzen, Medien) oktroyiert werden, einen positiven Einfluss auf die von Rezipienten wahrgenommene Gerechtigkeit und Reputation des Anbieters auszuüben. In der Literatur wird in diesem Zusammenhang insbesondere die Freiwilligkeit von *Produktrückrufen* als Einflussfaktor auf die Anbieterreputation untersucht. In zahlreichen Studien konnte ein positiver Einfluss des Faktors ‚Freiwilligkeit' empirisch bestätigt werden (vgl. Siomkos/Kurzbard 1992, S. 37; Siomkos 1989, S. 57; Siomkos/Shrivastava 1993, S. 75.) Durch ein in diesem Sinne *kulantes Verhalten* wird (potentiellen) Kunden demonstriert, dass sie sich auch in Krisenzeiten auf das Unternehmen verlassen können. Ein solches Signal vermag zu einer Steigerung des Vertrauens in die Marke beizutragen, was sich positiv auf die Unternehmensreputation auswirken mag (vgl. Eggert 2002, S. 66; Heckelmann 1997, S. 124 ff.).

Ein umfassender und zeitnaher Produktrückruf wird von den Konsumenten möglicherweise sogar als Teil eines professionellen Qualitätsmanagements des Unternehmens wahrgenommen (vgl. Sammer/Semle/Roselieb 2011). Die Einstellung der Konsumenten gegenüber dem rückrufenden Anbieter wird zudem durch „positive externe Effekte", vor allem positive Kooperationen mit den Medien und mit öffentlichen Institutionen und Behörden günstig beeinflusst (vgl. Standop 2006, S. 99).

O`Malley/Greenberg (1983) untersuchen die kombinierte Wirkung kommunikativer und kompensatorischer Strategien, gestützt auf gerechtigkeitstheoretische Konzepte. In einer Abfolge von Studien konnten die Autoren zeigen, dass in solchen Situationen, in denen Personen ihre Fehler eingestanden und ihren Opfern *freiwillig* eine Kompensationsleistung angeboten haben, aus Sicht von Rezipienten geringere Zahlungen als faire Wiedergutmachung erfordern als in Situationen, in denen jene Personen ihren Opfern keinerlei Eingeständnis oder Anerkennung des Problems zuteil werden ließen (vgl. O`Malley/Greenberg 1983, S. 174 ff.). *Greenberg* (1990) bemerkt hierzu: „*The act of voluntarily admitting responsibility was apparently accepted as a 'down payment' toward undoing wrongdoing, thereby necessitating smaller amounts of additional compensation. In other words, lower amounts of compensation were believed to be fair costs to be borne by those who already partially compensated their victims by voluntarily admitting their wrongdoing*" (Greenberg, 1990, S. 111).

Ob aber etwa ein Produktrückruf als solcher eindeutig eine hohe Produktqualität signalisiert und damit reputationsbildend wirkt, ist in der Wissenschaft heftig umstritten. Widersprüchliche empirische Befunde deuten darauf hin, dass der Rückruf Signale für zugleich schlechte wie auch gute Produktqualität enthält: zum einen der Hinweis darauf, wie es nur so weit kommen konnte; zum anderen die beträchtlichen Anstrengungen des Anbieters, die Probleme wieder gut zu machen (vgl. Standop 2005 und 1999).

Auf der anderen Seite bindet sich der Anbieter womöglich durch die Anerkennung eines Qualitäts- bzw. Produktsicherheitsproblems und die (implizite) Einräumung von Verantwortlichkeit zu einer – wie auch immer im Einzelfall gearteten – Kompensationszusage. Rezipienten werden also unter Umständen in einem vergleichsweise höheren Maße eine Kompensation (z. B. einen kostenlosen Umtausch des Produktes oder eine weiterhin rückhaltlose Aufklärung auch bei anderen Produkten) des Anbieters erwarten als in dem Fall, wo sich der Anbieter entweder zur Existenz eines (vermeintlichen) Problems und seiner Verantwortlichkeit gar nicht äußert oder aber diese explizit in Zweifel zieht. Auch mögen im Einzelfall rechtliche Ansprüche auf Kompensation abgeleitet werden können (vgl. Coombs 1998, S. 188).

Ein weiteres Problem einer umfassenden CSR-Strategie könnte sich in Situationen ergeben, denen es an einem manifesten Produktsicherheitsproblem, etwa einem tatsächlichen stoffinduzierten Gesundheitsproblem, mangelt. Im Kontext von REACH mag dies auf erste Verdachtsmomente eines für die menschliche Gesundheit und/oder Umwelt möglicherweise bedenklichen Stoffs zutreffen, der jedoch noch weit davon entfernt ist, in absehbarer Zeit reguliert zu werden. Z. B. mag die Erforschung der Wirkungen des Stoffes noch am Anfang stehen und/oder es mögen widersprüchliche Forschungsergebnisse, etwa zu Eintragswegen in den menschlichen Organismus und/oder die Umwelt, vorliegen. Dennoch mag in der Öffentlichkeit bereits überaus kritisch über diesen Stoff und die aus ihm hergestellten Produkte berichtet werden, so dass sich der Anbieter zur Reaktion im Rahmen seiner CSR-Strategie veranlasst sieht.

Bei Wahl einer umfassenden CSR-Strategie mag der Anbieter jedoch an *Glaubwürdigkeit* einbüßen, da in dieser Situation vergleichsweise eher niedrige Erwartungen der Verbraucher an umfangreiche Bemühungen für eine rückhaltlose Aufklärung der Vorwürfe vorherrschen. Eine solche Strategie könnte dann ins Leere laufen, wenn dem Anbieter die für eine umfassende Aufklärung und produktionstechnische Verbesserungen notwendigen Informationen nicht in hinreichendem Maße vorliegen. Nach dem Ansatz der Attributionstheorie mögen überdurchschnittliche Entschädigungszusagen des Anbieters Prozesse der Ursachenzuschreibung (sog. Attributionsprozesse) der Konsumenten auslösen oder verstärken, die nun stärker nach Gründen für die (vermeintliche) Großzügigkeit des Anbieters suchen bzw. eine solche stärker hinterfragen (vgl. Kerr 2004, S. 36; Estelami/DeMaeyer 2002, S. 205 ff.).

Durch eine besonders umfangreiche zugesicherte Problemabwicklung mögen zudem die Konsumentenerwartungen dermaßen gesteigert werden, dass eine zufrieden stellende Bewältigung durch den Anbieter (Hersteller und/oder

Händler) tendenziell, den Ausführungen zum Confirmation/Disconfirmation-Paradigma folgend, immer schwieriger wird. Eine vorteilhaftere Wirkung einer umfassenden CSR-Strategie auf die Anbieterreputation wird man hingegen in Situationen erwarten dürfen, die geprägt sind durch rechtlich relevante, manifeste und objektivierbare Qualitäts- bzw. Produktsicherheitsprobleme. Hierbei mag man etwa an durch mehrere wissenschaftliche Quellen fundiert nachgewiesene Übertragungswege und Gesundheitsprobleme eines Stoffes denken, für den auch bereits Substitute in hinreichender Menge und Qualität vorhanden sind. Bei in dieser Situation gegebenen hohen Verbrauchererwartungen an ein sozial verantwortliches Anbieterverhalten erscheinen wiederum solche Kommunikations- und Produktstrategien erfolgversprechender, die die Problemexistenz in keiner Weise leugnen und zudem eine scharfe Konfrontation mit den öffentlichen Vorwürfen durch Bestreiten von Verantwortlichkeit vermeiden.

Die Frage der Glaubwürdigkeit einer umfassenden CSR-Strategie wird jedoch neben situativen Merkmalen (substantiiertes Problem vs. erste Verdachtsmomente) vor allem von der Ausprägung der bereits vor den Verdachtsmomenten im Hinblick auf eine mangelhafte Produktqualität bzw. -sicherheit vorhandenen Unternehmensreputation abhängen. In diesem Zusammenhang deuten Forschungsergebnisse darauf hin, dass eine hohe vor dem Krisenfall bestandene Qualitätsreputation des Anbieters überhaupt erst die Voraussetzung dafür schafft, dass marktüberdurchschnittliche Versprechen des Anbieters von Verbraucherseite ernst genommen werden (vgl. Boulding/Kirmani 1993, S. 114; Ippolito 1990, S. 41 ff.). Anbieter niedriger Reputation haben es dagegen schwerer, Konsumenten mit überdurchschnittlichen Maßnahmen und Versprechen zu überzeugen. In der Folge bleiben die erhofften positiven Effekte auf die Unternehmensreputation aus oder die eingeschlagenen Maßnahmen wirken sogar kontraproduktiv (vgl. Dawar 1998, S. 115; Purohit/Srivastava 2001, S. 131; Dawar/Parker 1994, S. 81 ff.; Grewal et al. 1998, S. 331 ff.; Rao/Monroe 1989, S. 351 ff.).

So weisen Shimp/Bearden (1982) im Rahmen einer empirischen Analyse darauf hin, dass umfangreiche Qualitätszusagen sogar Skepsis und Misstrauen bei Nachfragern auslösen können, wenn diese Versprechen zu deutlich über dem Marktstandard liegen (vgl. Shimp/Bearden, 1982, S. 39). Hieraus wiederum mögen sich negative Auswirkungen auf die von Konsumenten wahrgenommene Produktqualität sowie das wahrgenommene Kaufrisiko entwickeln (vgl. Tan/Leong 1999, S. 45).

Auch wenn der Anbieter mit einer öffentlich ausgesprochenen *Entschuldigung* für ein Produktproblem und die Ankündigung produktionstechnischer

Verbesserungen explizit keine Verantwortlichkeit für einen in der Vergangenheit liegenden Fehler – wie eine unzureichende Erforschung von Gesundheitswirkungen eines chemischen Stoffes – einräumt, so setzen Rezipienten die Entschuldigung für etwaige Probleme jedoch häufig gleich mit einer kausalen Verantwortlichkeit für die Existenz des Problems; dies wiederum mag eher abträglich auf die Unternehmensreputation wirken (vgl. Jorgensen 1996, S. 348; Coombs 1998, S. 188; Dean 2004, S. 196).

Folkes (1984) kann zeigen, dass Konsumenten im Falle externer, dem Anbieter zugeschriebener Produktprobleme eher eine Entschuldigung und eine materielle Entschädigung erwarten als im Falle interner (konsumentenseitiger) Ursachenzuschreibung (Attribution) (vgl. Folkes 1984, S. 398). Letzteres mag etwa eine unsachgemäße Verwendungsweise des Produktes beinhalten, auf welche der Anbieter ausdrücklich hingewiesen hat. Durch eine Entschuldigung kann aber, neben der Betonung kausaler Verantwortlichkeit, auch ein positives Signal gesetzt werden, welches das Gewicht der negativen Informationen abzumildern vermag. Im Hinblick auf die positive Beeinflussung der Unternehmensreputation wird Entschuldigungen vor allem eine flankierende Funktion zugesprochen, die darin liegt, dass sie vor allem andere, insbesondere produktbezogene bzw. kompensatorische Maßnahmen des Anbieters, in deren Wirkung unterstützt (vgl. Folkes/Kotsos 1986, S. 79; Miller/Craighead/

Karwan 2000, S. 395; Goodwin/Ross 1992, S. 149 ff; Blodgett/Hill/Tax 1997, S. 185 ff.).

Mit der Verwendung von *Qualitäts- bzw. Compliance-Siegeln* mögen Reputationseffekte sowohl in der Vorkauf- als auch in der Nachkaufphase verbunden sein. Nach der Cue-Utilization-Theorie ziehen Konsumenten verstärkt Gütezeichen zur Beurteilung von Produkten heran, deren Qualitätseigenschaften (einschließlich der Produktsicherheit) sie *vor dem Kauf* gar nicht oder nur unzureichend beurteilen können (vgl. Olson/Jacoby 1972; Purohit/Srivastava 2001; Helm/Mark 2007; Chang 2006; v. Raaij 1991, S. 405 f.; Price/ Dawar 2002). Dies mag vor allem und insbesondere auf Produkte zutreffen, deren Nutzen bzw. Risiko maßgeblich von einer (bereits oder demnächst zu regulierenden) chemischen Substanz abhängt.

Der Theorie zufolge wächst die Bedeutung des Gütezeichens als Qualitätsindikator, sofern aussagekräftige produktimmanente Schlüsselmerkmale oder auch andere zusätzliche äußere Zeichen (z. B. eine starke Marke) fehlen und sowohl der Prognose- als auch der Vertrauenswert des Zeichens als hoch eingeschätzt werden. Mit Innis/Unnava (1991) kann insofern von einem positiven Zusammenhang zwischen dem Gütezeichen und seiner Wahrnehmung durch Konsumenten ausgegangen werden (vgl. Innis/Unnava 1991, S. 318.).

Unter den gegebenen Voraussetzungen erhöht das Gütezeichen die Aufmerksamkeit der Konsumenten und steigert deren *Qualitätserwartungen*, indem es als ein Signal für den Problemlösungswillen des Anbieters interpretiert wird (vgl. Shimp/Bearden 1982, S. 39).

Der Konsument kann sich aufgrund vorhandener Erfahrungsqualitäten des zur Disposition stehenden Produktes vor dem Kauf kein abschließendes Urteil über die Produktqualität bilden, gleichwohl wird er Erwartungen über die Produktqualität bilden. Die durch Gütezeichen gesteigerten Qualitätserwartungen mögen sich wiederum beschleunigend auf den Kaufentscheidungsprozess des Konsumenten auswirken, der mit dem Kauf abgeschlossen wird. Das Gütezeichen büßt jedoch unter Umständen seine Funktion als Qualitätsindikator ein, wenn es zu anderen Qualitätssignalen (etwa der Reputation des Anbieters, dem Produktpreis) in einer inkonsistenten Beziehung steht (vgl. zur Problematik der Glaubwürdigkeit von Qualitätssignalen Büschken 1999, S. 15; zur simultanen Wirkung von Qualitätssignalen, insbesondere Reputations- und Garantiesignalen, vgl. die Studien von Purohit/Srivastava 2001; Price/Dawar 2002; Innis/Unnava 1991; v. Ungern-Sternberg 1984; Al-Najjar 1995, S. 605 ff.; Balachander 2001, S. 1282 ff.). Das Gütezeichen im Sinne einer Garantie bzw. Gewährleistung kann als eine vom Anbieter zugunsten des Nachfragers abgeschlossene Versicherung betrachtet werden, die diesen nach dem Kauf im Falle der Schlechtleistung gegen Einbußen schützen soll. Etwaige vor dem Kauf wahrgenommene Risiken, die Kaufhemmnisse darstellen, könnten so durch das anbieterseitige Versprechen einer hohen Qualität abgemildert bzw. von vornherein vermieden werden (vgl. Emons 1989, S. 45 f.).

Indirekt mögen sich über die Reduzierung der wahrgenommenen Produktrisiken wiederum die Qualitätserwartungen erhöhen. Doch auch der umgekehrte Beeinflussungsweg erscheint plausibel. Aus der Eigenschaft der Qualitätsindikation von Gütezeichen erwachsene gesteigerte Qualitätserwartungen verringern Unsicherheiten in Bezug auf das getroffene Qualitätsurteil vor dem Kauf (vgl. Gerhard 1995, S. 152; Bearden/Shimp 1982, S. 230.). In der Folge steigt die Kaufneigung. Empirische Untersuchungen von Shimp/Bearden (1982) für den Konsumgüterbereich belegen, dass die äußeren Schlüsselmerkmale Preis, Reputation und Garantie das von Konsumenten wahrgenommene Produktrisiko reduzieren, die Einstellung zu innovativen Produktkonzepten verbessern und dadurch die Produktadoption erleichtern (vgl. Shimp/Bearden 1982). Die Bedeutung dieser Schlüsselmerkmale für das Kaufverhalten nimmt mit zunehmender Komplexität und Unbekanntheit der Produkte zu, da diese eine objektive Beurteilung des Risikos durch den Kunden erschweren.

Abbildung 2 fasst die aus der Qualitätsindikations- und der Risikoreduktionsfunktion von Gütezeichen resultierenden Wirkungen auf die betrachteten Variablen des Konsumentenverhaltens in der Vorkaufphase in Form von Hypothesen zusammen. Ein (+) steht hierbei für einen positiven Zusammenhang (je höher, desto höher bzw. je niedriger, desto niedriger), ein (-) indiziert entsprechend einen negativen Einfluss (je höher, desto niedriger bzw. je niedriger, desto höher).

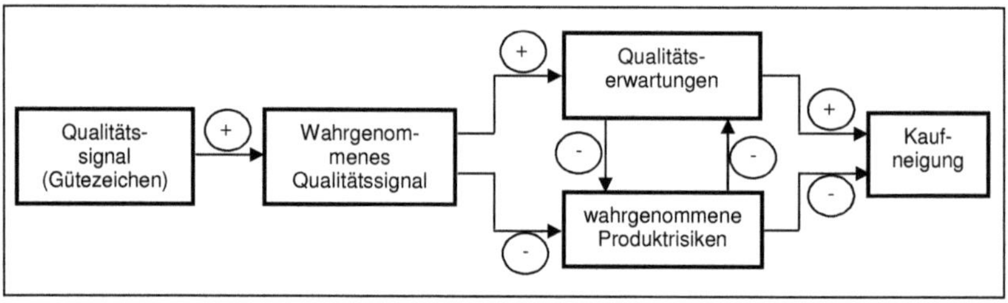

Abb. 2: Wirkungen von Gütezeichen in der Vorkaufphase

(Quelle: Standop/Grunwald 2008, S. 10.)

Reputationswirkungen von Gütezeichen mögen sich auch in der Nachkaufphase ergeben. Während der Konsument Erwartungen bereits vor dem Kauf bildet, setzt die Wahrnehmung der Leistung normalerweise erst *nach dem Kauf* (also bei vorhandener Nutzungsmöglichkeit) ein und zwar in verstärkter Weise nach Beginn der Nutzung des Produkts, also mit zunehmendem Zeitablauf seit dem Kaufzeitpunkt. Der Prozess der Erwartungsbildung zu dem gekauften Produkt wird mehr und mehr durch den Prozess der Qualitätswahrnehmung (Ist-Komponente) abgelöst. Hinsichtlich der Wirkung von Gütezeichen auf die Qualitätswahrnehmung ist der aus der psychologischen Entscheidungstheorie bekannte und empirisch gut belegte *Bestätigungseffekt* (*Confirmation-Bias*) bedeutsam (vgl. Dean 2004, S. 197; Taylor 1982, S. 190 ff.). Dieser Effekt besagt, dass Personen dazu neigen, im Rahmen von Beurteilungsprozessen aus der Fülle der ihnen zur Verfügung stehenden Informationen gerade jene auszuwählen, die bereits vorhandene Meinungen bzw. Erwartungen stützen. Eigenen Ansichten bzw. Erwartungen widersprechende Informationen, die nicht „ins Bild passen" werden tendenziell ignoriert oder sogar fehlinterpretiert (vgl. Dawar/Pillutla 2000, S. 217).

Als theoretischer Bezugspunkt für eine solche selektive Informationsaufnahme und -verarbeitung lässt sich die *Theorie der kognitiven Dissonanz* nach Festinger heranziehen (vgl. Festinger 1957). Hiernach erzeugen miteinander unvereinbare Kognitionen (Gedanken, Meinungen, Einstellungen, Wünsche oder Absichten) einen inneren Konflikt (kognitive Dissonanz), der Individuen dazu motiviert, diesen zu beseitigen, um zu einem kognitiven Gleichgewicht zurückzukehren bzw. ein solches zu bewahren (vgl. Kroeber-Riel/Weinberg 1996, S. 184 f.). Reaktionen der Konsumenten nach Art des Bestätigungseffektes auf negative Konsumerfahrungen erscheinen somit plausibel als sie ein

Mittel darstellen, bereits bestehende kognitive Dissonanzen abzubauen bzw. erwartete kognitive Konflikte zu vermeiden. Der Konsument schwächt die Bedeutung der Schlechtleistung ab bzw. interpretiert sie im Sinne seiner bereits durch das wahrgenommene Gütezeichen aufgebauten hohen Erwartungen an den Anbieter in einer positiveren Weise.

Werden jedoch die Erwartungen des Konsumenten an die Produktleistung durch das Gütezeichen auf ein extremes Maß gesteigert, was insbesondere bei weit überdurchschnittlichen Qualitätsversprechen oder einer überzogenen Produktwerbung der Fall sein dürfte, so mögen bei gegebener wahrgenommener Ist-Leistung durchaus auch sinkende Zufriedenheitswerte infolge der Nichtbestätigung der Erwartungen resultieren.

Eine alternative Erklärung für die Sicherung der Konsumentenzufriedenheit durch Gütezeichen nach eingetretenen Produktproblemen liefert die *Equity-Theorie*. Gütezeichen vermögen dem Ansatz der Equity-Theorie zufolge auf unterschiedliche Weise die wahrgenommene Gerechtigkeit von Konsumenten, sowohl in Bezug auf einzelne Gerechtigkeitsdimensionen als auch insgesamt, zu beeinflussen. Der im Produktversagensfall bestehende Anspruch auf eine umfassende Entschädigung und Aufklärung mag von Konsumenten als ein nachträglich, nach dem Kauf, aus der Austauschbeziehung resultierender

Output wahrgenommen werden, der – bei gegebenem Input – das von Konsumenten wahrgenommene Output-Input-Verhältnis und somit die wahrgenommene Gerechtigkeit erhöht. In der Konsequenz könnten Gütezeichen dadurch auch die Kundenzufriedenheit nach einer schlechten Konsumerfahrung wieder herstellen bzw. sichern, was sich reputationsfördernd auswirken würde.

Grundsätzlich mögen umfassende Kompensationsleistungen, die Konsumenten für all ihre Kosten und Mühen im Falle des Produktversagens entschädigen (z. B. für die Anschaffung eines Ersatzprodukts, Suchkosten, Reklamationskosten oder sogar Wechselkosten), die Gerechtigkeitswahrnehmung und damit auch die Kundenzufriedenheit nach eingetretenen Produktproblemen verbessern (vgl. Kashyap 2001, S. 8 ff.).

Die offensive Verwendung von Gütezeichen mag jedoch auch die Bildung von Attributionen bei Konsumenten unterstützen. *Erstens* lenken Gütezeichen die Aufmerksamkeit des Konsumenten im Falle einer negativen Konsumerfahrung darauf, dass der Produzent und nicht etwa andere Ursachen für die zugesicherten Produkteigenschaften verantwortlich ist. Sie definieren aus Konsumentensicht somit den Ort der Ursache für einen Konsumerfolg oder -misserfolg (vgl. Oliver/DeSarbo 1988, S. 418 ff.; Kumar/Kalwani/Dada

1997, S. 295 ff.) Insbesondere spezifische, auf bestimmte Produkteigenschaften bezogene Qualitätsversprechen (wie eine zugesicherte Schadstofffreiheit) werden die Wahrnehmung des Konsumenten bei einer negativen Konsumerfahrung eben auf diese besonders zugesicherten Eigenschaften richten (vgl. Kashyap 2001, S. 10 ff.; Gerhard 1995, S. 150).

Zweitens mögen Gütezeichen als Qualitätsversprechen die Kontrolle des Anbieters über dessen Produktionsprozess und die Produktqualität in der Wahrnehmung der Konsumenten erhöhen. Sie legen nahe, dass der Anbieter im Vergleich zum Konsumenten die größere Kontrolle über die Produktqualität hat, d. h. etwa auch über mögliche produktinduzierte Schäden. Konsumenten werden Anbietern die Verantwortung für ein Produktproblem wahrscheinlich nicht zuweisen, sofern sie annehmen, dass die Ursachen hierfür nicht vom Anbieter kontrolliert werden konnten. *Drittens* mögen Gütezeichen Konsumenten vermitteln, dass die Ursache für eine hohe Produktqualität und -sicherheit stabil ist, wogegen die Ursache für ein Produktproblem nicht stabil ist. Sofern Konsumenten glauben, dass ein Produktproblem mit geringerer Wahrscheinlichkeit in der Zukunft erneut auftreten wird (d. h. die Ursache für das Produktversagen nicht stabiler Natur ist), werden sie weniger unzufrieden sein und das Produkt eher erneut kaufen.

Abbildung 3 fasst die sich in der Nachkaufphase aus den Funktionen der Zufriedenheitssicherung und Verantwortlichkeitsklärung ergebenden zentralen Wirkungen von Gütezeichen auf die betrachteten reputationsrelevanten Variablen des Konsumentenverhaltens in Form von Hypothesen zusammen.

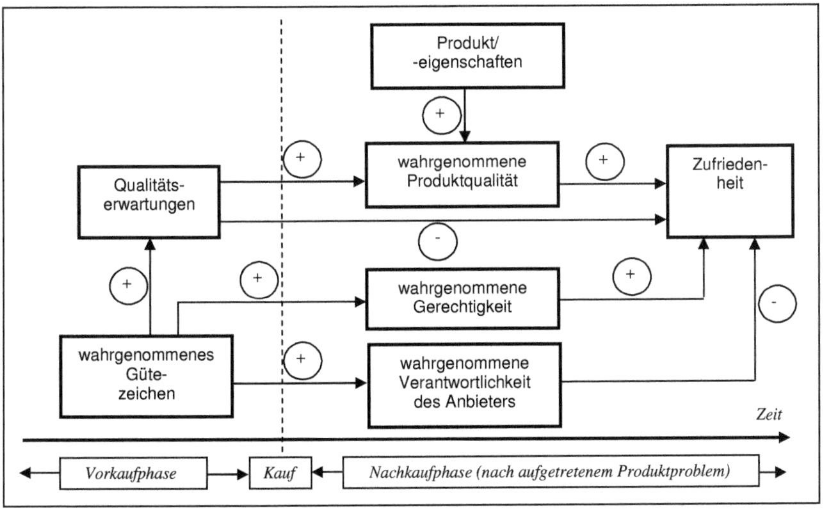

Abb. 3: Wirkungen von Gütezeichen in der Vorkauf- und Nachkaufphase

(Quelle: Standop/Grunwald 2008, S. 16.)

4.2.2.2 Kommunikationsfokussierte CSR-Strategie

Wie wichtig eine umfassende Risiko- und Krisenkommunikation samt Verankerung in der Unternehmensstrategie ist, belegen Umfragen, nach denen zwei Drittel der Bevölkerung es als Schuldeingeständnis werten, wenn ein Unternehmen in einer Krisensituation schweigt (vgl. Elbert 2005, S. 12). Die Öffentlichkeit reagiert bekanntermaßen besonders sensibel auf Gefahren für die eigene Gesundheit. Wird ein Produkt in der Öffentlichkeit durch Medienberichte oder durch gezielte Informationen besonders motivierter Gruppen mit möglichen Gesundheitsgefahren in Verbindung gebracht, werden Verbraucher zumeist mit Skepsis oder Kaufzurückhaltung reagieren. In der Folge ist das Produkt dann oftmals nicht mehr marktfähig (vgl. Benighaus/Renn 2005, S. 6). Das verlorene Vertrauen beim Verbraucher kann nachträglich nur sehr schwer zurück gewonnen werden. Aus diesem Grunde könnte sich eine proaktive Kommunikation über Risiken lohnen.

Insgesamt mag ein Anbieter durch eine auf *Aufklärung* bedachte Stellungnahme, etwa über die Erzielung von Einsicht und Verständnis, letztlich das Vertrauen der Verbraucher (wieder)gewinnen und seine Unternehmensreputation positiv beeinflussen. So können Bitner/Booms/Tetreault (1990) einen positiven Einfluss einer gegebenen Erklärung des Problemhergangs auf die

Kundenzufriedenheit nachweisen, sogar in dem Fall, dass der Anbieter eine gewünschte Leistung überhaupt nicht erbringen kann (vgl. Bitner/Booms/Tetreault 1990, S. 71 ff.). Baer/Hill (1994) stellen im Rahmen einer empirischen Untersuchung fest, dass eine schriftliche, vom Anbieter gegebene *Erklärung* des Zustandekommens eines Kundenproblems die bei Konsumenten vorherrschende Meinung zu reduzieren vermag, der Anbieter habe Kontrolle über die Problemursache gehabt und hätte das Auftreten des Problems verhindern können. Die Abschwächung solcher, durch ungünstige Attributionen geprägte Meinungen führt im Ergebnis schließlich zu steigenden Zufriedenheitswerten (vgl. Baer/Hill 1994, S. 143 ff.). Die Strategie der Erklärung oder Aufklärung etwaiger Produktprobleme dient nicht zuletzt dazu, einer verzerrten Berichterstattung oder als überzogen angesehenen Problemeinschätzungen in der veröffentlichten Meinung entgegenzuwirken bzw. vorzubeugen.

Wie bei der umfassenden CSR-Strategie so ergibt sich jedoch auch hier das Problem, dass der Anbieter durch eine offensive Risikokommunikation bzw. die (vorschnelle) Einräumung von Verantwortlichkeit für ein Produktsicherheitsproblem Kundenerwartungen an eine produktbezogene bzw. kompensatorische Problemlösung schüren mag, die unter Umständen nur schwer zu erfüllen sein werden. Dies kann hier zum Problem werden, da umfangreiche produktbezogene Maßnahmen bei Wahl der kommunikationsfokussierten CSR-Strategie vom Anbieter nicht intendiert sind.

Eine übertrieben kommunizierte Produktverantwortung des Anbieters kann für die positive Beeinflussung seiner Unternehmensreputation dann besonders problematisch werden, wenn ein öffentliches Bewusstsein dafür besteht, dass er auf zumutbare, jedoch gesetzlich nicht vorgeschriebene produktbezogene Maßnahmen zur Risikoabwehr, wie eine umfassende, überdurchschnittliche Qualitätskontrolle oder den Übergang auf andere Lieferquellen, bewusst (etwa aus Kostengründen) verzichtet hat. Der Anbieter mag damit in eine *Glaubwürdigkeitsfalle* geraten, die zukünftige Markttransaktionen erschwert, sofern der Anbieter nicht über eine Alleinstellung im Markt verfügt und/oder über eine bereits hohe Reputation, die ihn wirksam gegen öffentliche Schuldzuweisungen schützt.

Kritisch ist auch der Versuch zu bewerten, einerseits durch eine offensive Kommunikation in der Öffentlichkeit den Eindruck hoher Verantwortung zu erwecken und andererseits Regulierungen, die dem Ziel verbesserter Sicherheitsstandards dienen, durch Lobbying-Aktivitäten im Verborgenen zu blockieren. Ein solches diskrepantes Verhalten würde bei Bekanntwerden unweigerlich ein schlechtes Licht auf die Integrität des Unternehmens werfen.

Weitere Probleme einer offensiven, betont verbrauchernahen Kommunikation über Risiken bzw. Produktverantwortung bestehen in der Lenkung der Aufmerksamkeit der Verbraucher auf etwaige Produkt- und Sicherheitsprobleme, die deren Kaufverhalten negativ beeinflussen können.

4.2.2.3 Produktfokussierte CSR-Strategie

Bei Wahl einer produktfokussierten CSR-Strategie mag der Anbieter durch Investitionen in eine überdurchschnittliche Produktqualität und -sicherheit über Diffusionsprozesse im Markt durch positive Mund-zu-Mund-Kommunikation schrittweise eine Reputation für soziale Verantwortlichkeit aufbauen können. Da wenig werbliche Kommunikation durch den Anbieter selbst erfolgt, sondern weitestgehend Konsumenten (ohne kommerzielles Interesse) oder (neutrale) Testinstitutionen (wie Stiftung Warentest) von sich aus glaubwürdig Produkterfahrungen kommunizieren, wirken die verbreiteten Botschaften besonders eindringlich und nachhaltig.

Da sich jedoch auch negative Kundenempfehlungen und Gerüchte über produktbedingte Risiken rasant und nachhaltig im Markt verbreiten können, kommt der Steuerung und Kontrolle dieser Prozesse im Rahmen des viralen

Marketings eine zentrale Rolle zu (vgl. Langner 2007; v. Wangenheim/Bayón/Herrmann 2006). Der Verzicht auf überdurchschnittliche qualitätsbezogene Zusagen im Rahmen der Anbieterkommunikation mag das betreffende Unternehmen zugleich vor einer unbotmäßigen Steigerung der Konsumentenerwartungen schützen, in deren Folge sich – bei gegebener wahrgenommener Produktqualität – tendenziell eher niedrige Zufriedenheitswerte einstellen mögen.

Ob sich allerdings die positiven Informationen über die gewählte hohe Produktqualität über Diffusionsprozesse im Markt in einem für eine Reputationssteigerung hinreichenden Maße und Tempo verbreiten, dürfte fraglich sein. Es ist zweifelhaft, ob die produktfokussierte Strategie einen Anbieter in die Lage versetzt, in der öffentlichen Diskussion bereits vorhandene negative Signale einer unzureichenden Produktqualität und -sicherheit wirksam zu entkräften.

In diesem Zusammenhang weisen Studien der Eindrucksbildungsforschung auf die Existenz eines so genannten Negativitätseffektes hin, der besagt, dass negative Informationen (etwa ein öffentlich thematisiertes Produktproblem) im Vergleich zu positiven Informationen gleicher Stärke in Eindrucksbildungs- bzw. Beurteilungsprozessen überproportional stark gewichtet werden und sich schneller im Markt verbreiten. Negative Informationen resultieren hiernach in einer stärkeren Attributionstätigkeit und in extremer ausgeprägten Attributionen, die wiederum Einfluss nehmen mögen auf andere psychische und nachgelagerte Verhaltensreaktionen der Rezipienten (vgl. Mizerski 1982, S. 303; Niemeyer 1993, S. 12; Taylor 1991, S. 70 sowie die dort angegebene Literatur). Speziell kommt es zu einer Verstärkung und Polarisierung dieser Reaktionen (vgl. Menon/Jewell/Unnava 1999, S. 326).

Für diesen empirisch gut belegten Negativitätseffekt werden eine Reihe unterschiedlicher, teilweise interdependenter Erklärungen angeführt (vgl. Taylor 1991, S. 69 f.; Ahluwalia 2002, S. 271; Sherrell/Reidenbach 1986; Henthorne/Henthorne 1994, S. 45): *Zum einen* treten negative Informationen im Vergleich zu positiven im Allgemeinen seltener auf; sie treten stärker aus der auf Rezipienten einströmenden Informationsflut zumeist positiver Informationen (etwa werblicher Kommunikation) hervor, sind somit *eindringlicher*, was wiederum die Wahrnehmung und weitere Verarbeitung solcher Reize im Vergleich zu positiven verstärkt (vgl. Mizerski 1982, S. 302; Anderson 1998, S. 8).

Zweitens werden negative Informationen im Vergleich zu positiven häufig als *glaubwürdiger* und *zuverlässiger* eingestuft. Diese Eigenschaft fußt im Allgemeinen auf dem als nicht-kommerziell wahrgenommenen Charakter solcher

Informationen, deren Urheber zumeist in unternehmensunabhängigen Quellen (etwa Verbraucherschutzverbänden, Behörden, Medien) erkannt werden. Umgekehrt werden positive Informationen oftmals stärker mit Eigeninteressen des Kommunikators in Verbindung gebracht. Eine andere Begründung ergibt sich aus der Knappheitseigenschaft negativer Informationen. Die Knappheit eines Gutes (die Seltenheit, mit der negative Informationen auftreten) könnte als Indikator für die Qualität dieses Gutes (der Information) im Sinne der *Cue-Utilization-Theorie* angesehen werden. Von dem Umstand, dass eine gegebene Information knapp ist, mag insofern auch auf ihre Qualität im Sinne höherer Glaubwürdigkeit oder Zuverlässigkeit geschlossen werden.

Hiermit eng verknüpft ist eine *dritte* Eigenschaft negativer Informationen, die sie von positiven unterscheidet: sie werden oftmals als *diagnostischer* angesehen als sie infolge höherer Glaubwürdigkeit und Zuverlässigkeit zur Differenzierung von Beurteilungsobjekten (etwa Produkten oder Anbietern) durch Zuweisung zu unterschiedlichen Beurteilungskategorien (etwa Qualitätsstufen) geeigneter erscheinen (vgl. Dean 2004, S. 193; Weinberger/Dillon 1980, S. 531; Purohit/Srivastava 2001, S. 123 ff).

Werden die weit überdurchschnittlichen produktbezogenen Maßnahmen von Konsumenten tatsächlich wahrgenommen, mögen sich reputationsrelevante

Probleme einer solchen Strategie in Situationen ergeben, denen es an manifesten Produktsicherheitsproblemen mangelt (z. B. bei Vorliegen erster Verdachtsmomente oder widersprüchlicher Testergebnisse). Die zu erwartenden Auswirkungen auf die *wahrgenommene Gerechtigkeit* des Anbieters verdeutlichen *Smith/Bolton/Wagner* (1999) sowie *Garrett* (1999): Eine Überkompensation mag in Situationen mit geringer wahrgenommener Problemschwere als positive Ungerechtigkeit (‚positive inequity') empfunden werden, die psychische Spannungszustände (sogar Schuldgefühle) bei Konsumenten auszulösen vermag, die dazu motivieren, dieselben abzubauen, etwa durch eine kognitive Neubewertung der wahrgenommenen Situation respektive der Strategie (‚*psychological restoration activity*') (vgl. Garrett 1999, S. 28; Smith/Bolton/Wagner 1999, S. 359 f.; Hunt/Kernan/Mizerski 1983, S. 136 f.).

Der Effekt auf die *Zuweisung von Verantwortlichkeit an den Anbieter* leitet sich aus *attributionstheoretischen Untersuchungen* ab: Eine in solchen Situationen gewährte bzw. in Aussicht gestellte Überkompensation vermag Attributionsprozesse der Rezipienten auszulösen oder zu verstärken, die nun stärker nach Gründen für die (vermeintliche) Großzügigkeit des Anbieters suchen bzw. eine solche stärker hinterfragen (vgl. Kerr 2004, S. 36; Estelami/DeMaeyer 2002, S. 205 ff.). Hiermit angedeutet wird eine Janusköpfigkeit besonders hoher produktbezogener Anstrengungen in Situationen mit geringem Problemausmaß, wodurch die Aufmerksamkeit der Rezipienten stärker auf das bereits eingetretene bzw. ein mögliches (noch größeres) Produktproblem gelenkt wird, das noch im Verborgenen liegt. Besonders hohe Kulanzleistungen werden in Situationen mit geringem Problemausmaß somit vermutlich stärker von Rezipienten hinterfragt werden. Ein ähnliches Problem mag sich – wie bereits erwähnt – auch bei überdurchschnittlichen Anstrengungen des Anbieters im Rahmen von Produktrückrufen einstellen.

Liegen bereits vermeintlich produktinduzierte Schadensfälle vor, so ermöglicht die produktfokussierte CSR-Strategie dem Anbieter, ein öffentlich thematisiertes Produktproblem, das der Anbieter in seiner Existenz nicht leugnen mag, im Rahmen seiner Kommunikation auf solche Ursachen zurückzuführen, die er selber nicht zu vertreten hat. Die Vorteile einer solchen zweiseitigen Argumentation (hier bestehend in dem Zugeben eines Problems einerseits und der gleichzeitigen Abwehr der eigenen Verantwortlichkeit für die Existenz des Problems) betreffen im Wesentlichen zwei Aspekte: Zum einen vermag sie Rezipienten mehr zu überzeugen als einseitige; zum anderen wird sie von Rezipienten häufig als glaubwürdiger eingestuft. Als theoretische Erklärungsansätze lassen sich sowohl Reaktanz- als auch Attributionstheorien anführen:

Nach Golden/Alpert (1987) wird rollendiskrepantes Verhalten dispositional attribuiert (vgl. Golden/Alpert 1987, S. 18 ff.). Einem Anbieter, der neben seinen Vorzügen, etwa bei Wahl einer Hochqualitätsstrategie völlig unverschuldet in eine Produktkrise geraten zu sein scheint, auch (rollendiskrepant) etwaige Nachteile seines Produktes respektive die Möglichkeit einer Problemexistenz in seiner Stellungnahme einräumt, wird die Disposition „Ehrlichkeit" attribuiert, weshalb seine Strategie für glaubwürdiger gehalten wird.

Gleichwohl mag der Verzicht auf eine überdurchschnittliche, umfassende Information und Verbraucheraufklärung über Risiken auch reputationsrelevante Nachteile mit sich bringen: Eine solche Strategie mag z. B. in einer Produktkrise bei Rezipienten Reaktanz auslösen oder verstärken, vor allem dann, wenn diese glauben, dass ihnen wichtige Informationen vorenthalten werden. Reaktanz bezeichnet eine Motivation von Rezipienten, welche eine Bedrohung oder Einschränkung ihrer Verhaltensfreiheit wahrnehmen, die sie veranlasst, sich der erwarteten Einengung zu widersetzen oder nach erfolgter Einengung ihre Freiheit zurückzugewinnen (vgl. Kroeber-Riel/Weinberg 1996, S. 206). Durch einen solchen Effekt mag die intendierte Reputationswirkung der eingeschlagenen produktfokussierten CSR-Strategie behindert oder gar umgekehrt werden (vgl. Jones/Brehm 1970, S. 47 ff.; Kroeber-Riel/Weinberg 1996, S. 207).

Die Eignung einer ambivalenten Unternehmensreaktion, etwa in Form einer Leugnung von Verantwortlichkeit bei gleichzeitiger Anerkennung der Problemexistenz, sehen Dawar/Pillutla (2000) begrenzt auf den Fall vorliegender hoher Erwartungen an die Marke, die sich gerade durch die Hochqualitätsstrategie gebildet haben mögen (vgl. Dawar/Pillutla 2000, S. 219). Hohe Konsumentenerwartungen könnten hier gewissermaßen eine erwartungskonforme Auslegung des die Krisensituation konstituierenden Sachverhalts bewirken. Um die potentiell aus der Ambivalenz einer solchen Strategie erwachsenen Nachteile zu überwinden, wird im Rahmen der Bewältigung realer Produktkrisen häufig das im Grundsatz vom Anbieter in seiner Existenz anerkannte Kunden- bzw. Produktproblem mit dessen *Abwertung* verbunden (vgl. Shaver 1985, S. 164).

Im Hinblick auf eine Reduktion der Bedeutung der (im Grundsatz explizit oder implizit als existent anerkannten) Produktprobleme stehen dem Anbieter unterschiedliche Ansätze zur Verfügung: Es könnten beispielsweise Hinweise gegeben werden, dass Konkurrenzunternehmen die gleiche Technologie oder die gleichen Rohstoffe verwenden, dass die vorliegenden Informationen zwar korrekt, aber im Hinblick auf den Produktgebrauch unerheblich und daher nicht aussagekräftig bzw. zu vernachlässigen sind oder dass das Problem statistisch nicht signifikant ist, demzufolge also nur sehr wenige ähnlich gelagerte Problemfälle existieren. So vermag in der Studie von Folkes/Kotsos (1986) der vom Anbieter gegebene Hinweis, es liegen nur sehr wenige Problemfälle der gleichen Art vor (sog. Konsensusinformation), eine kundengerichtete (externe) Attribution der Problemursache zu begünstigen (vgl. Folkes/Kotsos 1986, S. 74 ff.; Niemeyer 1993, S. 41).

Ahluwahlia/Burnkrant/Unnava (2000) empfehlen bei Vorliegen stark markengebundener Konsumenten (die von sich aus nach Gegenargumenten gegen negative Produktpublizität suchen) eine Strategie, die die Relevanz der negativen Informationen (den Informationswert) abzuschwächen sucht (vgl. Ahluwalia/Burnkrant/Unnava 2000, S. 211 f.). So könnte der Anbieter geltend machen, dass sich die in die Kritik geratene Marke hinsichtlich der betreffenden Produkteigenschaft nicht von anderen konkurrierenden Marken unterscheidet, da dieselbe Technologie zugrunde liegt. Dagegen sei im Falle schwach markengebundener Konsumenten (die nicht von sich selbst aus nach Gegenargumenten suchen) eine Strategie geeignet, die Konsumenten gezielt mit Gegenargumenten gegen die negativen Informationen versorgt. Unter Gegenargumenten verstehen Ahluwahlia/Burnkrant/Unnava solche Informationen, die die Gültigkeit (Validität) und Zuverlässigkeit (Reliabilität) sowie die Vollständigkeit der negativen Information in Frage stellen.

4.2.2.4 Business-as-usual-Strategie

Die business-as-usual-Strategie wird hier vor allem als *Referenzstrategie* zu den oben analysierten CSR-Strategien betrachtet. Anders als bei den oben betrachteten CSR-Strategien verzichtet das Unternehmen bei Wahl einer business-as-usual-Strategie bewusst auf die reputationswirksame Ausnutzung von Freiräumen, die die Rechtslage ihnen gestattet. Die Eignung einer stark defensiven business-as-usual-Strategie zur Wiederherstellung der Anbieterreputation in einer Produktkrise wird in der einschlägigen Forschung insgesamt als wenig günstig beurteilt.

So messen die empirischen Analysen zum Beschwerdemanagement von Boshoff/Leong (1998) sowie von Conlon/Murray (1996) wie auch zum Umgang mit negativer Publizität von Bradford/Garrett (1995) einer auf Anerkennung der öffentlichen Vorwürfe (insbesondere hinsichtlich der Verantwortlichkeit für die Existenz eines Produktproblems) abzielenden Strategie einen deutlich höheren Erfolgsbeitrag bei als einer Verantwortlichkeit abwehrenden Haltung (vgl. Boshoff/Leong 1998, S. 24 ff.; Conlon/Murray 1996, S. 1040; Bradford/Garrett 1995, S. 883 f.).

Bradford/Garrett (1995) untersuchen fünf verschiedene Kommunikationsinhalte auf ihre Eignung in vier verschiedenen Produktkrisensituationen, welche im Hinblick auf den Ort der Ursache (Konsument vs. Anbieter) und die Kontrollierbarkeit eines Produktproblems durch den Anbieter variieren (vgl. Bradford/Garrett 1995, S. 884 f.). Den Gegenstand aller betrachteten Fälle bildet ein Medikament, das im Verdacht steht, den Tod eines jungen Mannes verursacht zu haben und damit explizit auf die Existenz physischer Produktrisiken schweren Ausmaßes in Form von Personenschäden aufmerksam macht. Als Strategien werden unterschieden

a) die Nicht-Reaktion,
b) die Leugnung der Existenz sowie der Verantwortlichkeit für ein vermeintliches Produktproblem,
c) die Anerkennung der Existenz eines Problems verbunden mit einer Leugnung von Verantwortlichkeit und Kontrollierbarkeit der Problemursache,
d) die Anerkennung der Existenz eines Problems sowie von Verantwortlichkeit und Kontrollierbarkeit verbunden mit dem Hinweis auf überzogene bzw. falsche Bewertungsmaßstäbe in der öffentlichen Diskussion sowie schließlich

e) die vollständige Anerkennung eines Problems, von Verantwortlichkeit und Kontrollierbarkeit sowie der in der öffentlichen Diskussion angewandten Bewertungsmaßstäbe.

Im Ergebnis erweist sich die letztgenannte Strategie in nahezu allen betrachteten Situationen im Hinblick auf die Wiederherstellung der Anbieterreputation in einer Produktkrise als die optimale Strategie; ein Nicht-Reagieren stellt sich in allen Situationen als suboptimal heraus.

Jorgensen (1996) untersucht die Strategien der Leugnung auf der einen und der Übernahme von Verantwortung in Verbindung mit einer Entschuldigung auf der anderen Seite. Es zeigt sich, dass die letztgenannte Strategie dazu führt, dass der Anbieter von Rezipienten zwar stärker für den Fehler verantwortlich gemacht wird, die Verärgerung über den Fehler allerdings geringer und die Sympathiebekundungen höher ausfallen (vgl. Jorgensen 1996, S. 349). Gleichwohl mögen auch mit einer business-as-usual-Strategie günstige Effekte auf die Unternehmensreputation verbunden sein, sofern diese Strategie situationsadäquat gewählt wird. Eine solche Strategie mag vor allem dann als vorteilhaft anzusehen sein, wenn es zu dem vom Anbieter eingesetzten chemischen Stoff tatsächlich und offenkundig keine geeigneten Alternativen gibt und solche auch nicht in naher Zukunft in Aussicht stehen.

Da eine einseitige Leugnung der Existenz von Produktproblemen häufig mit Glaubwürdigkeitszweifeln einhergeht (vgl. Siegrist 2001, S. 14), wird die Leugnung der Problemexistenz oftmals verknüpft mit dem Anführen von *Argumenten* gegen die negativen Produktinformationen bzw. für das Nicht-Vorliegen eines Problems, indem z. B. die Glaubwürdigkeit von Quellen angezweifelt wird oder Hinweise auf fehlende bzw. nicht-valide Daten vorgebracht werden. So betonte der Hersteller Coca-Cola im Rahmen seiner Produktkrise 1999 in Belgien, dass seine Produkte frei seien von unerwünschten Substanzen und das Abfüllsystem keinerlei Probleme verursachen würde. Der Hersteller betonte so die eigene Performanz (vgl. Siegrist 2001, S. 45).

Alternativ mag die Leugnung der Existenz eines Problems verbunden werden mit einer Fokusverlagerung auf andere Probleme (etwa andere Risiken oder andere Risikoquellen), die in der öffentlichen Diskussion derzeit keine Rolle spielen. Häufig werden im Rahmen eines *Issue-Managements* bislang (noch) nicht thematisierte Aspekte eines potentiellen Kundenanliegens aufgegriffen und zu einem Problem erhoben, für welches gerade das hinsichtlich eines anderen Problemaspektes in die Schlagzeilen geratene Produkt bzw. Unternehmen – im Unterschied zu etwaigen Konkurrenzprodukten bzw. -unternehmen – einen Lösungsansatz bereitzuhalten verspricht. Durch Aussendung einer solchen neuartigen Information wird versucht, von dem eigentlichen, bislang thematisierten Problem, abzulenken bzw. dieses zu überlagern. Eine Alternative besteht darin, die in der öffentlichen Diskussion des Produktproblems anklingenden *Bewertungsmaßstäbe* von Kunden bzw. kundennahen Quellen (Testinstitute, Medien, Verbraucherschutzorganisationen etc.) und damit die Legitimität der Kritik bzw. die Legitimation der die öffentlichen Vorwürfe prägenden Akteure anzuzweifeln. Speziell mag ein Hinweis auf eine unfaire Argumentation gegeben werden, etwa dergestalt, dass ähnliche Problemfälle bei Konkurrenzunternehmen in der Vergangenheit milder bewertet worden sind (vgl. Bradford/Garrett 1995, S. 878, 890). Alternativ mag der Anbieter die Kompetenz oder den Status der Beschwerdeführer in Zweifel ziehen (vgl. Tedeschi/Reiss 1981, S. 294).

5 Ableitung von Handlungsempfehlungen für KMU

Die Analyse der Reputationswirkungen verdeutlicht, dass die in einer CSR-Strategie enthaltenen kommunikations- bzw. produktbezogenen Elemente *widerspruchsfrei* bzw. *inhaltlich konsistent* sein sollten. Auf Probleme inkonsistenter Strategien im Zusammenhang mit der Wiederherstellung der Anbieterreputation im Kontext von Produktkrisen weisen insbesondere Dean (2004), Dawar/Pillutla (2000) sowie Conlon/Murray (1996) hin (vgl. Dean 2004, S. 196 f., 200 f., 205; Dawar/Pillutla 2000, S. 219; Conlon/Murray 1996, S. 1052).

Die dort diskutierten Probleme konzentrieren sich auf aus Unternehmenssicht unerwünschte Nebeneffekte inhaltlich inkonsistenter Strategien, die im Wesentlichen in einer *mangelnden* oder *eingeschränkten Glaubwürdigkeit* bestehen sowie in einer aus der Mehrdeutigkeit resultierenden *übermäßigen Gewichtung* der etwa in einer Krisensituation gegebenen *negativen Informationen* respektive einer *Abschwächung* der in der Strategie enthaltenen *positiven Informationen*. Bei Auswahl der Elemente zur Bildung von CSR-Strategien ist folglich darauf zu achten, dass sich diese in ihren Wirkungen nicht (zu sehr) gegenseitig behindern oder abschwächen und so dem Reputationsziel zuwiderlaufen.

Allgemein mögen Inkonsistenzen sowohl aus mehreren, untereinander disharmonischen *kommunikativen Strategieelementen*, aus untereinander unpassenden *produktbezogenen Merkmalen* oder aus dem Zusammenspiel divergenter *kommunikativer und produktbezogener Merkmale* entstehen. In der Literatur finden sich vor allem Tendenzaussagen, die Anzeichen geben für *offenkundig* inkonsistente *kommunikative Strategieelemente*, deren Kombination in ein und derselben CSR-Strategie nach Möglichkeit zu vermeiden ist.

Psychologischen Untersuchungen zur *Eindrucksbildungsforschung* (vgl. Taylor 1991, S. 67) zufolge sind vor allem solche Kombinationen *kommunikativer Merkmale* zu vermeiden, die sich in der Frage der *Verantwortlichkeit* für ein Produktproblem offenkundig widersprechen: „*It may be that organizations realize that complainants may see multiple accounts that leave the locus of problem causality ambiguous as contradictory or inappropriate*" (vgl. Conlon/Murray 1996, S. 1052; Jorgensen 1994, S. 348 ff.). Speziell wären also solche Strategien zu vermeiden, die einerseits *Verantwortlichkeit* für ein Problem *leugnen* und gleichzeitig andererseits (stark offensiv) um *Entschuldigung* bitten, ein Merkmal, das von Rezipienten oftmals gerade als Schuldeingeständnis gewertet wird.

Als offenkundig inkonsistent mag insofern auch die Kombination der Einräumung von Verantwortlichkeit (offensives Merkmal) mit einer Nicht-Anerkennung der Problemexistenz anzusehen sein. Andererseits mag aber beispielsweise die Kombination von Bekundung zukunftsgerichteter Verantwortung (stark offensives Merkmal) mit einem Anzweifeln der Bewertungsmaßstäbe der die öffentlichen Vorwürfe prägenden Akteure (stark defensives Merkmal) als eine in sich schlüssige Strategie erscheinen. Aus der durchgeführten Wirkungsanalyse leitet sich im Hinblick auf die Wahl der *produktbezogenen Merkmale* ab, dass überdurchschnittliche produktbezogene Anstrengungen des Anbieters (wie ein umfangreicher Produktrückruf oder umfassende Entschädigungen) zur jeweils vorliegenden Problemsituation passen sollten. Risiken oder Problemfällen, die als gering eingestuft werden, sollten KMU also nicht unbedingt mit einer überzogenen Qualitätsoffensive begegnen, da hieraus reputationsschädliche Glaubwürdigkeitszweifel und gegebenenfalls auch eine ungünstigere Problembeurteilung durch die Öffentlichkeit resultieren können.

Im Hinblick auf die simultane Verwendung *produkt- und kommunikationsbezogener Strategieelemente* offenbart die oben durchgeführte Wirkungsanalyse, dass sich vor allem sowohl bei einer produktfokussierten als auch bei einer kommunikationsfokussierten CSR-Strategie Glaubwürdigkeitsprobleme ergeben mögen: Die erhoffte Wirkung solcher Strategien auf die Anbieterreputation kann dadurch negativ beeinflusst werden. So mag eine besonders offensive Form der Risikokommunikation bei lediglich marktüblichen produktbezogenen Leistungen bei Wahl der *kommunikationsfokussierten CSR-Strategie* öffentliche Zweifel an der Wahrhaftigkeit des Anbieters schüren. Die vom Anbieter abgegebenen Versprechen und gemachten Angaben würden dann stärker hinterfragt und mit seinem Verhalten – etwa in einer Produktkrise – verglichen werden.

Der Anbieter mag in solchen Fällen unter verstärkte öffentliche Beobachtung (z. B. auch von NGO's) geraten, die sich zu einem öffentlichen Druck steigern kann. Konkret mag hierbei die Frage öffentlich diskutiert werden, warum der Anbieter, der von den Risiken seiner Produkte wusste und darüber rechtzeitig und umfassend informiert hat, nicht weitergehende Maßnahmen ergriffen hat, um den Schadensanfall zu verhindern oder zu reduzieren. Aus einer solchen negativen Publizität könnten sich Schuldzuweisungen ableiten, die sich abträglich auf die Anbieterreputation auswirken. Ein KMU sollte also bei Wahl einer kommunikationsfokussierten CSR-Strategie insbesondere dafür Sorge tragen, dass die kommunikativen Strategieelemente nicht in einem krassen Widerspruch zur gewählten Produktqualität stehen.

Glaubwürdigkeit der Risikokommunikation könnte auch durch Wahl einer neutralen Informationsquelle hergestellt oder unterstützt werden, etwa durch Platzieren von CSR-Botschaften in den redaktionellen Teilen der Medien im Rahmen der Öffentlichkeitsarbeit (Public Relations). So betonen Benighaus/Renn (2005) die besondere Rolle des Vertrauens in den Informationsgeber als Schlüsselgröße für erfolgreiche Risikokommunikation (vgl. Benighaus/Renn 2005, S. 6). In keinem Fall dürfe es darum gehen, durch Werbung oder Beschwichtigungen Akzeptanz für ein Produkt zu schaffen oder die Bürger einseitig nur von den Vorzügen der Produkte zu überzeugen. Auch die oben durchgeführte Wirkungsabschätzung verdeutlicht die hohe Relevanz zweiseitiger Argumentationsmuster zur Verbesserung der Konsumentenurteile.

Da die Kommunikationsbudgets von KMU regelmäßig knapp bemessen sind, werden umfangreiche massenmediale Gegendarstellungen oder Unternehmensstellungnahmen eher die Ausnahme bilden. Umso wichtiger für Erfolg oder Misserfolg einer Risiko- bzw. Krisenkommunikation wird daher ihr Inhalt, der insofern als zentrale Entscheidungsvariable bei der Gestaltung der Kommunikation angesehen werden kann. Allerdings lassen sich auch wenig kostspielige Formen der Kommunikation identifizieren, die sich für KMU besonders eignen mögen, wie etwa neben der bereits erwähnten Öffentlichkeitsarbeit das gezielte Auslösen von Diffusionsprozessen durch Nutzung von Meinungsführern, Bezugspersonen und Innovatoren als Zielgruppen und Multiplikatoren von CSR-Botschaften.

Um die mit Glaubwürdigkeitszweifeln verbundenen Probleme zu vermeiden, könnten etwa im Bereich der Chemikaliensicherheit die von behördlichen Negativlisten betroffenen KMU die Transparenz-Strategie der Kommunikation um eine Lösungs-Strategie ergänzen. Hierbei kommuniziert das Unternehmen entweder eine eigenständige Lösung des Problems oder es versucht, die Behörden in die Lösung des Problems einzubeziehen. Letzteres könnte vor allem dann sinnvoll erscheinen, wenn die Krise eine ganze Produktgattung betrifft und folglich auch andere Unternehmen der Branche nachdenken müssen (vgl. Sammer/Semle/Roselieb 2011). Das Aussprechen einer Problemlösung impliziert jedoch bereits entsprechende Vorkehrungen auch auf produktpolitischer Ebene, so dass hiermit womöglich die Vorstufe zu einer umfassenden CSR-Strategie vorliegt.

Entsprechende Glaubwürdigkeitsprobleme mögen auch mit einer *produktfokussierten CSR-Strategie* verbunden sein, wenn Abnehmer das Gefühl haben, nicht hinreichend über Gesundheits- oder Umweltrisiken aufgeklärt worden zu sein. Das Zurückhalten sicherheitsrelevanter Informationen vermag ein

Gefühl der Reaktanz bei Rezipienten auszulösen oder zu verstärken, die nunmehr stärker nach den Gründen für eine solch defensive Haltung des Unternehmens fragen. Letzteres wird vermutlich dazu führen, dass der Anbieter auch seine Risikokommunikation dem (berechtigten oder unberechtigten) Aufklärungs- bzw. Informationsinteresse seiner Anspruchsgruppen anpasst, was tendenziell auf offensivere Formen der Kommunikation hinauslaufen dürfte.

Um dem reputationsrelevanten Problem der einseitigen Betonung negativer (risikobezogener) Informationen in der öffentlichen Berichterstattung vorzubeugen, könnte das KMU flankierende werbliche Kommunikation betreiben, etwa unter Verwendung von Qualitäts- bzw. Compliance-Siegeln. Hierzu verdeutlicht die vorgenommene Wirkungsabschätzung, dass solche Zeichen sowohl in der Vorkaufphase bzw. bei vorliegenden latenten Produktrisiken als auch in der Nachkaufphase bzw. speziell bei durch Schadensfälle konkretisierten Produktrisiken, günstige Wirkungen auf die Anbieterreputation entfalten können. Ebenfalls lassen sich Diffusionsprozesse im Markt (z. B. die gezielte Verbreitung positiver Kundenempfehlungen) nutzen, um positive Reputationseffekte selbst bei umfassender Risikokommunikation zu ermöglichen. Bei weitgehendem Verzicht auf kostspielige Formen der medialen Massenkommunikation scheint diese Variante des Reputationsaufbaus ein vergleichsweise geringes Budget zu erfordern. Jedoch sind auch die Nachteile nicht zu verkennen: So wird der Reputationsaufbau insgesamt mehr Zeit in Anspruch nehmen, was sich insbesondere für eine von KMU verfolgte Einführung einer Produktinnovation als problematisch erweisen kann, wenn Wettbewerber mit ähnlichen Entwicklungen auf den Markt drängen. Mit der zunehmenden Integration kommunikationsbezogener Elemente in die CSR-Strategie trägt jedoch die ursprünglich eingeschlagene produktfokussierte Strategie ebenfalls vermehrt Züge einer umfassenden CSR-Strategie, gegen die sich das KMU, möglicherweise aus Kostengründen, bewusst entschieden hatte.

Damit soll aber nicht gesagt werden, dass der Einsatz der oben als eher ambivalent beurteilten produkt- bzw. kommunikationsfokussierten CSR-Strategien grundsätzlich reputationsschädlich wäre. Von Kostengesichtspunkten einmal abgesehen mag sich die Wahl einer kommunikations- bzw. produktfokussierten CSR-Strategie für Fälle anbieten, in denen sich die Rezipientenschaft des Anbieters vorwiegend aus stark markengebundenen Kunden zusammensetzt, die aus eigener Motivation heraus nach Gegenargumenten gegen die öffentlichen Vorwürfe und negativen Informationen suchen (vgl. Ahluwalia/Burnkrant/Unnava 2000, S. 211 f.; Dawar/Pillutla 2000, S. 219). Letzteres mag vor allem auf Business-to-Business-Märkte zutreffen, bei denen Kaufentscheidungen in Unternehmen eher rational, extensiv, unter Beachtung einer Vielzahl von Kaufentscheidungskriterien in Einkaufsgremien (Buying-Centern) getroffen werden.

Doch auch mit einer *umfassenden CSR-Strategie*, die aus Sicht von KMU erhebliche finanzielle Mittel binden mag, können Probleme verbunden sein, was ihre Wirkungen auf Rezipienten betrifft: Zum einen bindet sich der Anbieter hiermit häufig an eine bestimmte Kompensationsleistung bzw. werden die Erwartungen der Konsumenten an eine solche Leistung oftmals auf ein drastisches Maß gesteigert. Dieser Nachteil dürfte insbesondere für KMU besonders schwer wiegen, da mit der Erfüllung solcher Erwartungen durch weit überdurchschnittliche produktpolitische Anstrengungen oftmals auch hohe Investitionen einhergehen. Zum anderen mag der Anbieter bei Wahl einer solchen Strategie in Situationen negativer Publizität, denen es an manifesten Produktproblemen mangelt, auch wiederum in eine Glaubwürdigkeitsfalle geraten: Die vermeintliche Großzügigkeit des Anbieters wird stärker hinterfragt. Oftmals kann hieraus eine „Spitze des Eisbergs“ als Eindruck für Nachfrager entstehen, hinter der sie größere Produktprobleme (im Verborgenen) vermuten.

Während sich die Auswirkungen der verschiedenen CSR-Strategien auf die Reputation eines Unternehmens zwar grundsätzlich systematisch abschätzen lassen, scheint es nicht möglich zu sein, eine bestimmte Strategie pauschal für die Unternehmenspraxis in KMU zu empfehlen. Die konkrete Ausgestaltung einer passenden CSR-Strategie kann sich von Unternehmen zu Unternehmen unterscheiden und wird daher in Abhängigkeit von unternehmens- und situationsspezifischen Faktoren geschehen müssen. Diese Faktoren betreffen vor allem folgende Aspekte:

- die vorliegende Unternehmensumfeldsituation: Erfolgt eine umfassende öffentliche Anteilnahme und Berichterstattung über produkt- bzw. stoffbezogene Risiken, werden lediglich erste Verdachtsmomente ohne Anschuldigungen geäußert oder gibt es gar keine öffentlichen Reaktionen?
- das Ausmaß der von einem Produktproblem betroffenen Abnehmer: Welche Personen, soziale Gruppen und Unternehmen sind betroffen, liegt eine unmittelbare oder mittelbare Betroffenheit vor?
- der Grad des Involvements der Zielgruppe: Handelt es sich um gewerbliche oder private Abnehmer, welche Rolle spielen Eigenschaften wie die chemische Zusammensetzung des Produkts für die Wahrnehmung und Kaufentscheidung von Kunden?

- unternehmensspezifische Elemente wie Unternehmensziele: Sind soziale und ökologische Ziele bereits in der Unternehmensstrategie verankert, welche Fristigkeit haben die Ziele?
- die Art der angebotenen Produkte sowie die Ausprägung der bereits vorhandenen Unternehmensreputation.

Bei der Bewertung von reputationsrelevanten Risiken wird es speziell im Chemikalienbereich eine Rolle spielen, ob es sich bei Problemen für die menschliche Gesundheit und die Umwelt um akute Risiken (zum Beispiel eine unmittelbar eintretende lähmende Wirkung eines Stoffs auf das Nervensystem) oder um schleichende, langfristig wirksame Risiken handelt (zum Beispiel wiederholte Expositionen gegen einen krebserzeugenden Stoff, die sich in einer Erhöhung des Krebsrisikos bezogen auf die Lebensdauer eines Menschen äußern). Erfahrungsgemäß ist bei akuten Effekten die Ursache/Wirkungsbeziehung relativ eindeutig feststellbar und ihr Auftreten kann sich schnell und unmittelbar auf Unternehmensreputationen auswirken. Dagegen ist der Umgang mit schleichenden Risiken viel schwieriger. Einerseits sind Ursache/Wirkung schwer zuzuordnen und wirken sich auf Unternehmensreputationen nicht so deutlich aus. Andererseits wird von Laien hier oftmals eine Reduzierung des Risikos auf null erwartet. Da solche Erwartungshaltungen in vielen Fällen unrealistisch sind, scheinen mögliche Reputationsfolgen besonders schwer kalkulierbar zu sein. Dies verkompliziert zusätzlich die Findung angemessener Unternehmensstrategien, die im Fall besonders komplexer gesundheits- oder umweltrelevanter Risiken wohl einzelfallbezogen zu analysieren sein werden.

Damit soll keinesfalls gesagt werden, dass CSR-Maßnahmen isoliert und lediglich aus der Kurzfristperspektive festgelegt werden sollten. Vielmehr sollte eine übergreifende Strategie des Unternehmens erkennbar sein, in der das Kriterium der Konsistenz auf lange Sicht erfüllt wird. Konsistenz sollte nicht nur auf die inhaltliche Widerspruchsfreiheit zwischen der Produkt- und der Kommunikationsstrategie beschränkt sein, sondern auch zeitliche Konsistenz beinhalten, sodass sich über die Zeit eine klare CSR-Identität des Unternehmens herausbilden kann. Eine solche „Handschrift" zu entwickeln, die langfristig Erwartungen der Abnehmer (und der anderen Stakeholder) an das Unternehmen prägt und damit dessen Reputation aufbaut, kann KMU nur empfohlen werden.

„Tue Gutes und rede darüber" – so ließe sich der Typus der umfassenden CSR-Strategie griffig und kurz zusammenfassen. Er könnte auf den ersten Blick als „Königsweg" erscheinen, da hier sowohl die Produkt- als auch die Kommunikationsstrategie auf eine weitreichende Wahrnehmung unternehmerischer Verantwortung ausgelegt sind. Bei näherem Hinsehen muss aber doch differenzierter beurteilt werden, da eine zu ambitionierte Herangehensweise, wie bereits beschrieben, leicht zu Glaubwürdigkeits- und Integritätsmängeln führen kann. Diese können etwa auftreten, wenn Maßnahmen in sich widersprüchlich sind, das nach außen kommunizierte Verhalten nicht mit dem tatsächlichen Verhalten übereinstimmt, das Versprechen eines sozial verantwortlichen Unternehmens nicht eingelöst werden kann, und wenn der Eindruck entsteht, dass CSR-Aktivitäten ausschließlich Marketing- und PR-Zwecken dienen.

6 Fazit

Dieses Buch untersucht auf der Grundlage der EU-Chemikalienverordnung REACH ausgewählte CSR-Strategien im Hinblick auf ihre Eignung zum Aufbau nachhaltigkeitsorientierter Reputation aus der Perspektive von KMU. Die betrachteten Strategien unterscheiden sich systematisch in dem Ausmaß an Produktverantwortung einerseits und dem Grad der Offenheit der Kommunikation andererseits, wobei jeweils zwischen einer (defensiven) Strategie der „Erfüllung" gesetzlicher Standards und einer (offensiven) Strategie der freiwilligen „Übererfüllung" unterschieden wird.

Die umfassende CSR-Strategie könnte auf den ersten Blick als dominante Strategie erscheinen, da hier sowohl die Produkt- als auch die Kommunikationsstrategie auf eine weitreichende Wahrnehmung unternehmerischer Verantwortung ausgelegt sind. Die verhaltenswissenschaftliche Analyse der Reputationswirkungen verdeutlicht jedoch Glaubwürdigkeitsprobleme einer solchen Strategie in Situationen mit geringem Problemausmaß. Zudem mögen die öffentlichen Erwartungen auf ein unrealistisches, von KMU nicht mehr erfüllbares Maß gesteigert werden. Die anderen betrachteten CSR-Strategien mögen zwar zunächst aus Sicht von KMU weniger aufwendig und mit geringeren Investitionen verbunden sein. Allerdings können sich auch bei Wahl einer kommunikationsfokussierten CSR-Strategie reputationsschädliche Verantwortlichkeitszuweisungen an den Anbieter ergeben, wenn die von ihm kommunizierten Botschaften (z. B. die werbliche Betonung der Produktverantwortung) den gewählten produktbezogenen (lediglich marktdurchschnittlichen, gesetzeskonformen) Maßnahmen deutlich widersprechen. Die produktfokussierte CSR-Strategie kann bei Rezipienten eine Abwehrhaltung (Reaktanz) auslösen oder verstärken, wenn sich Abnehmer bzw. die allgemeine Öffentlichkeit vom Anbieter nicht hinreichend über Gesundheits- bzw. Umweltrisiken aufgeklärt fühlen bzw. sie den Eindruck haben, dass ihnen für ihr Anbieter- bzw. Produktwahl- bzw. Verwendungsverhalten entscheidungsrelevante Informationen vorenthalten werden.

Insgesamt verdeutlicht die vorgenommene Wirkungsabschätzung, dass es nicht zielführend wäre, eine bestimmte Strategie pauschal für die Unternehmenspraxis in KMU zu empfehlen. Die konkrete Ausgestaltung einer passenden CSR-Strategie kann sich von Unternehmen zu Unternehmen unterscheiden und wird daher in Abhängigkeit von unternehmens- und situationsspezifischen Faktoren geschehen müssen. Allerdings lassen sich strategieübergreifend Faktoren identifizieren, die die Wirkung einer gegebenen CSR-Strategie auf die Unternehmensreputation verbessern mögen: So sollte ein KMU zunächst auf die inhaltliche Konsistenz und Widerspruchsfreiheit der gemeinsam in der Strategie verankerten produkt- und kommunikationsbezogenen Elemente achten. Zur Unterstützung der Glaubwürdigkeit einer gewählten CSR-Strategie empfehlen sich für ein KMU flankierende vertrauensbildende und zudem vergleichsweise kostengünstige Maßnahmen, wie etwa die Nutzung von Diffusionsprozessen im Markt (z. B. das gezielte Auslösen von Kundenempfehlungen) zur nachhaltigen Verbreitung von CSR-Botschaften, die Platzierung von produktsicherheitsbezogenen Kommunikationsinhalten in den redaktionellen Teilen der Medien im Rahmen der Öffentlichkeitsarbeit, zweiseitige Argumentationsmuster, die Einbindung unabhängiger Quellen in die Risikokommunikation (wie etwa Testinstitute, unabhängige Experten) sowie die Nutzung produktsicherheitsbezogener Qualitäts- bzw. Compliance-Siegel zur öffentlichkeitswirksamen Betonung der eigenen Produktverantwortung.

Im Zusammenhang mit REACH werden darüber hinaus noch zwei Besonderheiten zu beachten sein. Erstens sollten bei der Substitution bedenklicher Stoffe stets auch die Eigenschaften von Alternativen berücksichtigt werden. Eine Übererfüllung gesetzlicher Standards im Rahmen der Produktstrategie (wie sie bei der umfassenden und der produktfokussierten CSR-Strategie angestrebt wird) wird nicht zum Ziel führen, wenn sie verkürzt aufgefasst oder nur ausschnittweise umgesetzt wird. Ein Beispiel hierfür wäre es, bestimmte bekanntermaßen besorgniserregende Stoffe zwar frühzeitig zu substituieren, aber durch Alternativen zu ersetzen, die vielleicht noch nicht im gleichen Umfang auf gefährliche Eigenschaften getestet wurden und nach eingehender Bewertung in der Gesamtbilanz ähnlich problematische Auswirkungen haben könnten.

Zweitens kann davon ausgegangen werden, dass die gesetzlichen REACH-Vorschriften grundsätzlich bereits ein hohes Verantwortungsniveau bei Herstellern und Verwendern implizieren. Daher ist es – gerade bei begrenzten Managementressourcen – ratsam, sich an diesem Standard zu orientieren und ihn nicht nur formal sondern auch inhaltlich zu erfüllen. Diese Erwägungen verdeutlichen, dass hinsichtlich einer optimalen CSR-Strategie für KMU im Kontext von REACH keine Patentlösung existiert. Letztlich sind auch die konkreten Umsetzungsmöglichkeiten im betroffenen Unternehmen dafür mitbestimmend, welche Handlungsspielräume sich zur Steigerung der nachhaltigkeitsbezogenen Reputation ergeben und mit welchen produkt- und kommunikationspolitischen Maßnahmen diese Spielräume am besten ausgeschöpft werden können.

Literaturverzeichnis

- Adams, J. S. (1965): Inequity in Social Exchange, in: Berkowitz, L. (Hrsg.): Advances in Experimental Social Psychology, Vol. 2, New York, S. 267-299.
- Adler, J. (1996): Informationsökonomische Fundierung von Austauschprozessen. Eine nachfrageorientierte Analyse, Wiesbaden.
- Ahluwalia, R. (2002): How Prevalent is the Negativity Effect in Consumer Environments?, in: Journal of Consumer Research, Vol. 29, S. 270-279.
- Ahluwalia, R./Burnkrant, R. E./Unnava, H. R. (2000): Consumer Response to Negative Publicity: The Moderating Role of Commitment, in: Journal of Marketing Research, Vol. XXXVII, S. 203-214.
- Akerlof, G. A. (1970): The market for "lemons": Quality uncertainty and the market mechanism, in: Quarterly Journal of Economics, 84, S. 488-500.
- Al-Najjar, N. I. (1995): Reputation, Product Quality, And Warranties, in: Journal of Economics & Management Strategy 3, 4, S. 605-637.
- Anderson, E. W. (1998): Customer Satisfaction and Word of Mouth, in: Journal of Service Research, Vol. 1, No. 1, S. 5-17.
- Baer, R./Hill, D. J. (1994): Excuse Making: A Prevalent Company Response to Complaints?, in: Journal of Satisfaction, Dissatisfaction and Complaining Behavior, Vol. 7, S. 143-151.
- Balachander, S. (2001): Warranty Signalling and Reputation, in: Management Science 47, 9, S. 1282-1289.
- Bearden, W. O./Shimp, T. A. (1982): The Use of Extrinsic Cues to Facilitate Product Adoption, in: Journal of Marketing Research, Vol. XIX, S. 229-239.
- Benighaus, L./Renn, O. (2005): Risikokommunikation für kleine und mittelständische Unternehmen, in: HA Hessen Agentur GmbH (Hrsg.): Nano-Kommunikation – Leitfaden zur Kommunikation von Chancen und Risiken der Nanotechnologien für kleine und mittelständische Unternehmen in Hessen, Wiesbaden, S. 6-8.

- Bitner, M. J./Booms, B. H./Tetreault, M. S. (1990): The Service Encounter: Diagnosing Favorable and Unfavorable Incidents, in: Journal of Marketing, Vol. 54, S. 71-84.

- Blodgett, J. G./Granbois, D. H./Walters, R. G. (1993): The Effects of Perceived Justice on Complainants` Negative Word-of-Mouth Behavior and Repatronage Intentions, in: Journal of Retailing, Vol. 69, No. 4, S. 399-428.

- Blodgett, J. G./Hill, D. J./Tax, S. S. (1997): The Effects of Distributive, Procedural, and Interactional Justice on Postcomplaint Behavior, in: Journal of Retailing, Vol. 73, 2, S. 185-210.

- Blodgett, J. G./Tax, S. S. (1993): The effects of distributive and interactional justice on complainants` repatronage intentions and negative word-of-mouth intentions, in: Journal of Consumer Satisfaction, Dissatisfaction and Complaining Behavior, Vol. 6, S. 100-110.

- Boshoff, C./Leong, J. (1998): Empowerment, attribution and apologising as dimensions of service recovery. An experimental study, in: International Journal of Service Industry Management, Vol. 9, No. 1, S. 24-47.

- Boulding, W./Kirmani, A. (1993): A Consumer-Side Experimental Examination of Signaling Theory: Do Consumers Perceive Warranties as Signals of Quality?, in: Journal of Consumer Research 20, S. 111-123.

- Bradford, J. L./Garrett, D. E. (1995): The Effectiveness of Corporate Communicative Responses to Accusations of Unethical Behavior, in: Journal of Business Ethics 14, S. 875-892.

- Büschken, J. (1999): Wirkung von Reputation zur Reduktion von Qualitätsunsicherheit, Diskussionsbeitrag Nr. 123 der Katholischen Universität Eichstätt, Wirtschaftswissenschaftliche Fakultät Ingolstadt, Oktober 1999, Ingolstadt.

- Büschken, J. (2000): Reputation Networks and “Loose Linkages” between Reputation and Quality, Diskussionsbeitrag Nr. 141 der Katholischen Universität Eichstätt, Wirtschaftswissenschaftliche Fakultät Ingolstadt, September 2000, Ingolstadt.

- Cefic (2010): Facts and Figures 2010: The European Chemical Industry in a worldwide perspective. Brüssel.

- Cefic (2005): SMEs in the EU Chemicals Industry. Brüssel.

- Chang, C. (2006): Cue Utilization and Consumer Expertise, in: American Marketing Association (Hrsg.): AMA Educator`s Proceedings: Enhancing Knowledge Development in Marketing, Vol. 17, S. 65-69.

- Conlon, D. E./Murray, N. M. (1996): Customer Perceptions of Corporate Responses to Product Complaints: The Role of Explanations, in: Academy of Management Journal, Vol. 39, No. 4, S. 1040-1058.

- Coombs, W. T. (1998): An Analytic Framework for Crisis Situations: Better Responses From a Better Understanding of the Situation, in: Journal of Public Relations Research, Vol. 10 (3), S. 177-191.

- Dawar, N. (1998): Product-Harm Crises and the Signaling Ability of Brands, in: International Studies of Management & Organization, Vol. 28, No. 3, S. 109-119.

- Dawar, N./Parker, P. (1994): Marketing universals: Consumers' use of brand name, price, physical appearance, and retailer reputation as signals of product quality, in: Journal of Marketing, 58, S. 81-95.

- Dawar, N./Pillutla, M. M. (2000): Impact of Product-Harm Crises on Brand Equity: The Moderating Role of Consumer Expectations, in: Journal of Marketing Research, Vol. XXXVII, S. 215-226.

- Dean, D. H. (2004): Consumer Reaction to Negative Publicity: Effects of Corporate Reputation, Response, and Responsibility for a Crisis Event, in: Journal of Business Communication, Vol. 41, No. 2, S. 192-211.

- DVFA Society of Investment Professionals in Germany (2010): Key Performance Indicators for Environmental, Social & Governance Issues – A Guideline for the Integration of ESG into Financial Analysis and Corporate Valuation, Frankfurt am Main.

- Eggert, A. (2002): Kulanzmanagement in der Kfz-Industrie, Frankfurt a. M. u. a.

- Elbert, H. (2005): Vom Issues-Management zum Dialog: Praxiserfahrung von Ciba Speciality Chemicals, in: HA Hessen Agentur GmbH (Hrsg.): NanoKommunikation – Leitfaden zur Kommunikation von Chancen und Risiken der Nanotechnologien für kleine und mittelständische Unternehmen in Hessen, Wiesbaden, S. 12-14.

- Emons, W. (1989): The Theory of Warranty Contracts, in: Journal of Economic Surveys, Vol. 3, No. 1, S. 43-57.

- Estelami, H./De Maeyer, P. (2002): Customer Reactions to Service Provider Overgenerosity, in: Journal of Service Research, Vol. 4, No. 3, S. 205-216.
- Festinger, L. (1957): A Theory of Cognitive Dissonance, New York.
- Fisk, R. P./Young, C. E. (1985): Disconfirmation of Equity Expectations: Effects on Consumer Satisfaction with Services, in: Advances in Consumer Research, 12, S. 340-345.
- Folkes, V. S. (1984): Consumer Reactions to Product Failure: An Attributional Approach, in: Journal of Consumer Research, Vol. 10, 3, S. 398-409.
- Folkes, V. S. (1988): Recent Attribution Research in Consumer Behavior: A Review and New Directions, in: Journal of Consumer Research, Vol. 14, S. 548-565.
- Folkes, V. S./Kotsos, B. (1986): Buyers` and Sellers` Explanations for Product Failure: Who Done It?, in: Journal of Marketing, Vol. 50, S. 74-80.
- Ford, G. T./Smith, D. B./Swasy, J. L. (1988): An Empirical Test of the Search, Experience and Credence Attributes Framework, in: Advances in Consumer Research, Vol. 15, S. 239-243.
- Garrett, D. E. (1999): The Effectiveness of Compensation given to Complaining Consumers: Is More Better?, in: Journal of Consumer Satisfaction, Dissatisfaction and Complaining Behavior, Vol. 12, S. 26-34.
- Gerhard, A. (1995): Die Unsicherheit des Konsumenten bei der Kaufentscheidung: Verhaltensweisen von Konsumenten und Anbietern, Wiesbaden.
- Golden, L. L./Alpert, M. I. (1987): Comparative Analysis of the Relative Effectiveness of one-sided and two-sided Communication for Contrasting Products, in: Journal of Advertising, 16, 1, S. 18-25.
- Goodwin, C./Ross, I. (1992): Consumer Responses to Service Failures: Influence of Procedural and Interactional Fairness Perceptions, in: Journal of Business Research, 25, S. 149-163.
- Greenberg, J. (1990): Looking Fair vs. Being Fair: Managing Impressions of Organizational Justice, in: Research in Organizational Behavior, Vol. 12, S. 111-157.

- Grewal, D./Krishnan, R./Baker, J./Borin, N. (1998): The effect of store name, brand name, and price discounts on consumers' evaluations and purchase intentions, in: Journal of Retailing, 74, S. 331-352.
- Grunwald, G. (2009): Produktkrisenmanagement bei kleinen und mittleren Unternehmen – Eine empirische Analyse zum Einsatz kommunikationspolitischer Instrumente, in: Meyer, J.-A. (Hrsg.): Management-Instrumente in kleinen und mittleren Unternehmen – Jahrbuch der KMU-Forschung und -Praxis, Lohmar – Köln, S. 83-98.
- Heckelmann, S. (1997): Beschwerdemanagement in Versicherungsunternehmen, Karlsruhe.
- Heitmann, K./Reihlen, A. (2007): Case study on "Announcement effect" in the market related to the candidate list of substances subject to authorisation, Ökopol GmbH Institute for Environmental Strategies, Hamburg.
- Helm, R./Mark A. (2007): Implications from cue utilisation theory and signalling theory for firm reputation and the marketing of new products, in: International Journal of Product Development, Vol. 4, No. 3/4, S. 396-411.
- Henthorne, B. H./Henthorne, T. L. (1994): The Tarnished Image: Anticipating and Minimizing the Impact of Negative Publicity in Health Services Organizations, in: Journal of Consumer Marketing, Vol. 11, No. 3, S. 44-54.
- Herr, P. M./Kardes, F. R. /Kim, J. (1991): Effects of word-of-mouth and product-attribute information on persuasion: An accessibility-diagnosticity perspective, in: Journal of Consumer Research, 17, S. 454-462.
- Homans, G. (1968): Elementarformen sozialen Verhaltens, Köln.
- Homburg, C./Rudolph, B. (1997): Theoretische Perspektiven der Kundenzufriedenheit, in: Simon, H./Homburg, C. (Hrsg.): Kundenzufriedenheit, Konzepte – Methoden – Erfahrungen, 2. Aufl., Wiesbaden, S. 33-51.
- Hunt, J. M./Kernan, J. B./Mizerski, R. W. (1983): Causal Inference in Consumer Response to Inequitable Exchange: A Case of Deceptive Advertising, in: Advances in Consumer Research, Vol. 10, S. 136-141.
- Innis, D. E./Unnava, H. R. (1991): The Usefulness of Product Warranties for Reputable and New Brands, in: Advances in Consumer Research, Vol. 18, S. 317-322.

- Ippolito, P. M. (1990): Bonding and Nonbonding Signals of Product Quality, in: Journal of Business, Vol. 63, No. 1, S. 41-60.
- Jones, R. A.; Brehm, J. W. (1970): Persuasiveness of one-sided and two-sided communication as a function of awareness that there are two sides, in: Journal of Experimental Psychology, 6, S. 47-56.
- Jorgensen, B. K. (1996): Components of Consumer Reaction to Company-Related Mishaps: A Structural Equation Model Approach, in: Advances in Consumer Research, Vol. 23, S. 346-351.
- Kashyap, R. (2001): The Effects of Service Guarantees on External and Internal Markets, in: Academy of Marketing Science Review [online] 01 (10). URL: http://www.amsreview.org/amsrev/theory/kashyap10-01.html
- Kerr, A. H. (2004): Service Recovery and the Elusive Paradox: An examination of the effects of magnitude of service failure, service failure responsiveness, service guarantee and additional recovery effort on service recovery outcomes, a dissertation submitted to the Graduate Faculty of the Louisiana State University and Agricultural and Mechanical College in the E. J. Ourso College of Business Administration (Marketing).
- Klinger, E. (1998): Gestaltung von Sicherheitskommunikation: Eine Wirkungsanalyse sicherheitsrelevanter Produktaufschriften, Wiesbaden.
- Kroeber-Riel, W./Weinberg, P. (1996): Konsumentenverhalten, 6. Aufl., München.
- Kumar, P./Kalwani, M. U./Dada, M. (1997): The Impact of Waiting Time Guarantees on Customers Waiting Time Experiences, in: Marketing Science, 16 (4), S. 295-314.
- Langner, S. (2007): Viral Marketing – Wie Sie Mundpropaganda gezielt auslösen und Gewinn bringend nutzen, 2. Aufl., Wiesbaden.
- Loew, T./Clausen, J. (2010): Wettbewerbsvorteile durch CSR: Eine Metastudie zu Wettbewerbsvorteilen von CSR und Empfehlungen zur Kommunikation an Unternehmen, Institute 4 Sustainability, Berlin/Borderstep, Institut für Innovation und Nachhaltigkeit, Hannover.
- Mahon, J. F. (2002): Corporate Reputation – A Research Agenda Using Strategy and Stakeholder Literature, in: Business & Society, Vol. 41, No. 4, S. 415-445.

- Menon, G./Jewell, R. D./Unnava, H. R. (1999): When a Company Does Not Respond to Negative Publicity: Cognitive Elaboration vs. Negative Affect Perspective, in: Advances in Consumer Research, Vol. 26, S. 325-329.
- Miller, J. L./Craighead, C. W./Karwan, K. R. (2000): Service recovery: a framework and empirical investigation, in: Journal of Operations Management, 18, S. 387-400.
- Mizerski, R. W. (1982): An Attribution Explanation of the Disproportionate Influence of Unfavorable Information, in: Journal of Consumer Research, Vol. 9, S. 301-367.
- Mowen, J. C./Ellis, H. W. (1981): The Product Defect: Managerial Considerations and Consumer Implications, in: Enis, B./ Roaring, K. (Hrsg.): The Annual Review of Marketing, S. 158-172.
- Nationales CSR-Forum (2010): Empfehlungsbericht des Nationalen CSR-Forums an die Bundesregierung, Berlin.
- Niemeyer, H.-G. (1993): Begründungsmuster von Konsumenten: Attributionstheoretische Grundlagen und Einflussmöglichkeiten im Marketing, Heidelberg.
- Niemeyer, H.-G./Stegmüller, B. (1991): Wer hat Schuld? Marktanalyse aus attributionstheoretischer Perspektive?, in: Der Markt, 30. Jg., Nr. 116, S. 37-45.
- Oliver, R. L./DeSarbo, W. S. (1988): Response Determinants in Satisfaction Judgments, in: Journal of Consumer Research, Vol. 14, S. 495-507.
- Olson, J. C. (1978): Inferential Belief Formation in the Cue Utilization Process, in: Advances in Consumer Research, Vol. 5, No. 1, 706-713.
- Olson, J./Jacoby, J. (1972): Cue utilization in the quality perception process, in: Venkatesan, M. (Hrsg.): Proceedings of the Third Annual Conference of the Association for Consumer Research, Association for Consumer Research, Ann-Arbor, MI, S. 167-179.
- O`Malley, M. N./Greenberg, J. (1983): Sex differences in restoring justice: The down payment effect, in: Journal of Research in Personality, Vol. 17, S. 174-185.
- Peter, C. M. (2004): Verantwortung als Duft-Marke: Schadensbegrenzung durch Dialog-Inszenierung – Dargestellt am Beispiel der Imagekampagnen

der chemisch-pharmazeutischen Industrie (1987-2003). Eine Inhaltsanalyse (Diss. phil., Universität Münster), Münster.

- Peter, C. M. (2009): Gesellschaftliche Verantwortung auf Rezept. Chemie und Pharma kümmern sich um Ihre Gesundheit, in: Röttger, U. (Hrsg.): PR-Kampagnen – Über die Inszenierung von Öffentlichkeit, 4. überarb. und erw. Aufl., Wiesbaden , S. 301-314.

- Price, L. J./Dawar, N. (2002): The Joint effects of brands and warranties in signaling new product quality, in: Journal of Economic Psychology 23, S. 165-190.

- Purohit, D./Srivastava, J. (2001): Effect of Manufacturer Reputation, Retailer Reputation and Product Warranty on Consumer Judgements of Product Quality: A Cue Diagnostic Framework, in: Journal of Consumer Psychology 10, 3, S. 123-134.

- Rao, A. R./Monroe, K. B. (1989): The effect of price, brand name, and store name on buyer's perceptions of product quality: An integrative review, in: Journal of Marketing Research, 26, S. 351-357.

- Rat für Nachhaltige Entwicklung (2006): Unternehmerische Verantwortung in einer globalisierten Welt – Ein deutsches Profil der Corporate Social Responsibility – Empfehlungen des Rates für Nachhaltige Entwicklung, Berlin.

- Richardson, P. S./Dick, A. S./Jain, A. K. (1994): Extrinsic and intrinsic cue effects on perceptions of store brand quality, in: Journal of Marketing, 58, S. 28-36.

- Richins, M. L. (1983): Negative Word-of-Mouth by Dissatisfied Consumers: A Pilot Study, in: Journal of Marketing, Vol. 47, S. 68-78.

- Richins, M. L. (1985): Factors affecting the level of consumer-initiated complaints to marketing organizations, in: Day, R. L. (Hrsg.): Consumer satisfaction, dissatisfaction and complaining behavior, Bloomington, IN: Indiana University, S. 82-85.

- Sammer, P./Semle, F./Roselieb, F. (2011): Krisen-PR und Issues Management bei Produktrückrufen und Verbraucherprotesten, in: Krisennavigator, 14. Jg., Ausgabe 1 (Januar).

- Schwaiger, M./Cannon, H. M. (2004): Unternehmensreputation – Bestandsaufnahme und Messkonzepte, in: Jahrbuch der Absatz- und Verbrauchsforschung, 3, S. 237-261.

- Schwalbach, J. (2000): Image, Reputation und Unternehmenswert, Arbeitspapier, Humboldt-Universität zu Berlin, 10. Juni 2000, Berlin.
- Shapiro, C. (1982): Consumer Information, Product Quality, and Seller Reputation, in: The Bell Journal of Economics, Vol. 13, No. 1, S. 20-35.
- Shapiro, C. (1983): Premiums for high quality products as returns to reputations, in: The Quarterly Journal of Economics, 11, S. 659-679.
- Shaver, K. G. (1985): The Attribution of Blame – Causality, Responsibility, and Blameworthiness, New York u. a.
- Sherrell, D. L./Reidenbach, R. E. (1986): A Consumer Response Framework for Negative Publicity: Suggestions for Response Strategies, in: Akron Business and Economic Review, Summer, S. 35-44.
- Shimp, T. A./Bearden, W. O. (1982): Warranty and Other Extrinsic Cue Effects on Consumers` Risk Perceptions, in: Journal of Consumer Research, Vol. 9, 6, S. 38-46.
- Siegrist, M. (2001): Die Bedeutung von Vertrauen bei der Wahrnehmung und Bewertung von Risiken, Arbeitsbericht Nr. 197, Akademie für Technikfolgenabschätzung in Baden-Württemberg, Stuttgart.
- Silvera, D. H./Laufer, D. (2005): Recent Developments in Attribution Research and their Implications for Consumer Judgments and Behavior, Working Paper, The University of Tromsø/Norway, University of Cincinnati, Ohio/USA.
- Siomkos, G. (1989): Managing product-harm crises, in: Industrial Crisis Quarterly, 3, S. 41-60.
- Siomkos, G./Kurzbard, G. (1992): Product harm crisis at the crossroads: monitoring recovery of replacement products, in: Industrial Crisis Quarterly, Vol. 6, No. 4, S. 279-294.
- Siomkos, G.; Shrivastava, P. (1993): Responding to Product Liability Crises, in: Long Range Planning, Vol. 26, No. 5, S. 72-79.
- Slovic, P./Lichtenstein, S. (1971): Comparison of bayesian and regression approaches to the study of information processing in judgement, in: Organizational Behavior and Human Performance, 6, S. 649-744.

- Smith, A. K./Bolton, R. N./Wagner, J. (1999): A Model of Customer Satisfaction with Service Encounters Involving Failure and Recovery, in: Journal of Marketing Research, Vol. XXXVI, S. 356-372.

- Spence, M. (1974): Market Signaling: Informational Transfer in Hiring and Related Screening Processes, Cambridge u. a.

- Spence, M. (1977): Consumer Misperceptions, Product Failure, and Producer Liability, in: Review of Economic Studies 44, S. 561-572.

- Spremann, K. (1988): Reputation, Garantie, Information, in: ZfB 58 Jg., H. 5/6, S. 613-629.

- Stafford, M. R. (1996): Tangibility in Services Advertising: An Investigation of Verbal Versus Visual Cues, in: Journal of Advertising, Vol. 25, No. 3, S. 13-28.

- Standop, D. (1993): Sicherheitskommunikation, in: Berndt, R./Hermanns, A. (Hrsg.): Handbuch Marketing-Kommunikation, Wiesbaden, S. 946-964.

- Standop, D. (1999): Side Effects of Product Recalls: Image-Shifts Due to a Recall of Potentially Dangerous Products?, in: Zeitschrift für Automobilwirtschaft 2, S. 28-31.

- Standop, D. (2005): Rückrufsituationen: Entscheidungsanalyse und die Frage bilanzieller Rückstellungen, in: Altenburger, O. A. (Hrsg.): Rechnungswesen, Revision und Steuern, Band 1: Reformbedarf bei der Abschlussprüfung – Umstrittene Rückstellungen, Wien, S. 119-143.

- Standop, D. (2006): Der Verlust von Konsumentenvertrauen gegenüber Anbietern: Der Fall von Produktrückrufen, in: Bauer, H./Neumann, M./Schüle, A. (Hrsg.): Konsumentenvertrauen: Konzepte und Anwendungen für ein nachhaltiges Kundenbindungsmanagement, München, S. 95-104.

- Standop, D./Grunwald, G. (2008): Die Bedeutung von Kaufgewährleistungsansprüchen für das Reklamationsverhalten von Konsumenten und die Reputation des Produzenten: Verhaltenspsychologische Erklärungsansätze und empirische Befunde, in: Beiträge des Fachbereichs Wirtschaftswissenschaften der Universität Osnabrück 2008/04.

- Tan, S.-J./Leong, W.-Y. (1999): Warranty strategy: a solution to hybrid product woes?, in: International Marketing Review 16, 1, S. 40-64.

- Taylor, S. E. (1982): The availability bias in social perception, in: Kahneman, D./Slovic, P./Tversky, A. (Hrsg.): Judgment under uncertainty: Heuristics and biases, Cambridge, S. 190-200.
- Taylor, S. E. (1991): Asymmetrical Effects of Positive and Negative Events: The Mobilization-Minimization Hypothesis, in: Psychological Bulletin, Vol. 110, No. 1, S. 67-85.
- Tax, S. S./Brown, S. W./Chandrashekaran, M. (1998): Customer Evaluations of Service Complaint Experiences: Implications for Relationship Marketing, in: Journal of Marketing, Vol. 62, S. 60-76.
- Tedeschi, J. T./Reiss, M. (1981): Verbal Strategies in Impression Management, in: Antaki, C. (Hrsg.): The Psychology of Ordinary Explanations of Social Behavior, London, S. 271-309.
- Tolle, E. (1994): Informationsökonomische Erkenntnisse für das Marketing bei Qualitätsunsicherheit der Konsumenten, in: ZfbF 46, 11, S. 926-938.
- Tse, A. C. B. (1999): Factors affecting consumer perceptions on product safety, in: European Journal of Marketing, Vol. 33, No. 9/10, S. 911-925.
- v. Ungern-Sternberg, T. R. (1984): Zur Analyse von Märkten mit unvollständiger Nachfragerinformation, Berlin u. a.
- van Raaij, W. F. (1991): The Formation and Use of Expectations in Consumer Decision Making, in: Robertson, T. S./Kassarjian, H. H. (Hrsg.): Handbook of Consumer Behavior, Englewood Cliffs, S. 401-418.
- Verordnung (EG) Nr. 1907/2006 des Europäischen Parlaments und des Rates vom 18. Dezember 2006 zur Registrierung, Bewertung, Zulassung und Beschränkung chemischer Stoffe (REACH).
  URL: http://eur-lex.europa.eu/LexUriServ/LexUriServ.do?uri=CELEX: 32006R1907: DE:NOT
- v. Wangenheim, F./Bayón, T./Herrmann, A. (2006): Die Abgabe von Kundenempfehlungen – Determinanten und ökonometrische Modellierung, in: ZfbF 58, S. 304-336.
- Weinberger, M. G./Dillon, W. R. (1980): The Effects of Unfavorable Product Rating Information, in: Advances in Consumer Research, Vol. 7, S. 528-532.

- Yoon, E./Guffey, H. J./Kijewski, V. (1993): The Effects of Information and Company Reputation on Intentions to Buy a Business Service, in: Journal of Business Research, 27, S. 215-228.

MARKETING

Herausgegeben von Prof. Dr. Heribert Gierl, Augsburg, Prof. Dr. Roland Helm, Regensburg, Prof. Dr. Frank Huber, Mainz, und Prof. Dr. Henrik Sattler, Hamburg

Band 10
Heribert Gierl
Übungsaufgaben Marketing
6., neubearbeitete Auflage
Lohmar – Köln 2011 • 400 S. • € 29,- (D) • ISBN 978-3-8441-0083-9

Band 53
Lisa Eckardt
Designsprünge als Instrument des Marketings – Eine empirische Analyse der Determinanten und Erfolgsauswirkungen
Lohmar – Köln 2011 • 356 S. • € 64,- (D) • ISBN 978-3-8441-0082-2

Band 54
Frank Huber, Svenja Krönung, Frederik Meyer und Stefan Vollmann
Akzeptanz von Bewertungsportalen als Basis von Electronic Word-of-Mouth – Eine empirische Studie zur interpersonellen Kommunikation im Web 2.0
Lohmar – Köln 2011 • 124 S. • € 42,- (D) • ISBN 978-3-8441-0097-6

Band 55
Frank Huber, Frederik Meyer und Ute Stickdorn
Online-Avatare zur Steigerung der Markenloyalität – Eine empirische Analyse am Beispiel der Marke IKEA
Lohmar – Köln 2011 • 128 S. • € 42,- (D) • ISBN 978-3-8441-0114-0

Band 56
Frank Huber, Frederik Meyer und Oguzhan Bulut
Unternehmenserfolg durch strategische Corporate Social Responsibility – Eine empirische Analyse am Beispiel der Marke IKEA
Lohmar – Köln 2012 • 140 S. • € 43,- (D) • ISBN 978-3-8441-0122-5

Band 57
Guido Grunwald und Philipp Hennig
REACH und CSR – Mehr Reputation durch Nachhaltigkeit in kleinen und mittleren Unternehmen
Lohmar – Köln 2012 • 120 S. • € 42,- (D) • ISBN 978-3-8441-0129-4